TRAITÉ

D'AÉROSTATION

THÉORIQUE ET PRATIQUE

CONSTRUCTION DES BALLONS ET DES ENGINS ACCESSOIRES
APPAREILS A GAZ HYDROGÈNE — MANŒUVRES A TERRE ET EN L'AIR
ASCENSIONS CAPTIVES — APPAREILS D'AÉROSTATION MILITAIRE
NAVIGATION AÉRIENNE AVEC AÉROPLANES

PAR

HENRY DE GRAFFIGNY

Ancien rédacteur en chef de la *Maison illustrée*
Ex-trésorier de l'*Ecole aéronautique de Vincennes*
Aérostier au 1er régiment de génie

GUIDE COMPLET

A L'USAGE

Des Sociétés d'aérostation françaises et étrangères,
des aéronautes professionnels, des aérostiers militaires,
des élèves, des amateurs
et de toutes les personnes s'intéressant à l'aérostation
et à la navigation aérienne.

Ouvrage illustré de 77 figures dessinées par l'auteur

PARIS
LIBRAIRIE POLYTECHNIQUE, BAUDRY ET Cie, ÉDITEURS
15, RUE DES SAINTS-PÈRES, 15
MAISON A LIÈGE, RUE DES DOMINICAINS, 7

1891

TRAITÉ

D'AÉROSTATION

THÉORIQUE ET PRATIQUE

OUVRAGES DU MÊME AUTEUR

AÉRONAUTIQUE

Les Récits d'un aéronaute, 1 vol. gr. in-8° illustré, 3e *édition*.

La Navigation aérienne, 1 vol. in-18° illustré.

Les Ballons, 1 vol. in-12, avec 35 gravures.

Aéronaute par vocation, 1 petit volume in-12.

SCIENCE VULGARISÉE

Les Moteurs anciens et modernes, 1 vol. avec 110 dessins de l'auteur (3e *édition*). (Bibliothèque des Merveilles.)

Les Merveilles de l'Horlogerie, 1 vol. de la Bibliothèque des Merveilles (avec 120 dessins de l'auteur et de E. Mathias).

L'Ingénieur-Electricien, 1 vol. avec 109, dessins de l'auteur (7e *édition*). (Bibliothèque des Professions industrielles.)

Le Liège et ses applications, 1 vol. in-16, avec 55 dessins de l'auteur. (Bibliothèque instructive.)

Les Industries d'amateurs, 1 vol. in-18, avec 353 figures intercalées. (Bibliothèque des Connaissances utiles.)

ÉVREUX, IMPRIMERIE DE CHARLES HÉRISSEY

TRAITÉ
D'AÉROSTATION
THÉORIQUE ET PRATIQUE

CONSTRUCTION DES BALLONS ET DES ENGINS ACCESSOIRES
APPAREILS A GAZ HYDROGÈNE — MANŒUVRES A TERRE ET EN L'AIR
ASCENSIONS CAPTIVES — APPAREILS D'AÉROSTATION MILITAIRE
NAVIGATION AÉRIENNE AVEC AÉROPLANES

PAR

HENRY DE GRAFFIGNY

Ancien rédacteur en chef de la *Maison illustrée*
Ex-trésorier de l'*Ecole aéronautique de Vincennes*
Aérostier au 1er régiment de génie

GUIDE COMPLET

A L'USAGE

Des Sociétés d'aérostation françaises et étrangères,
des aéronautes professionnels, des aérostiers militaires,
des élèves, des amateurs
et de toutes les personnes s'intéressant à l'aérostation
et à la navigation aérienne.

Ouvrage illustré de 77 figures dessinées par l'auteur

PARIS

LIBRAIRIE POLYTECHNIQUE, BAUDRY ET Cie, ÉDITEURS
15, RUE DES SAINTS-PÈRES, 15
MAISON A LIÈGE, RUE DES DOMINICAINS, 7

1891

PRÉFACE

Notre but, en écrivant cet ouvrage, est de donner aux Sociétés d'aérostation, de plus en plus nombreuses chaque jour, aussi bien en France que chez les nations voisines, ainsi qu'à toutes les personnes qui pratiquent l'aérostation, dans un intérêt quelconque, un guide complet comprenant tout ce qui a trait à l'art aéronautique pratique.

On a écrit d'innombrables ouvrages de vulgarisation scientifique sur les ballons et les ascensions aériennes; cependant il est à remarquer qu'il n'a été publié jusqu'ici aucune *théorie* complète et rationnelle sur ce sujet. La théorie en usage dans les troupes d'aérostiers du génie ne se trouve pas en librairie, et les aéronautes sont réduits à imaginer chacun une méthode de manœuvre différente, dans l'absence de tout guide sur le sujet.

Nous pensons donc que la présente brochure pourra rendre de réels services, car elle renferme tous les documents nécessaires et les plus précis sur la *construction des aérostats sphériques* et de tout le matériel, des renseignements sur toutes les méthodes de *production du gaz hydrogène* utilisé pour le remplissage, une *théorie des manœuvres* de *gonflement*, de *dégonflement* et de *transport* d'un ballon, enfin des renseignements techniques sur l'organisation de l'aérostation militaire en France et à l'étranger, les ballons captifs et enfin les *appareils plus lourds que l'air* dont l'étude approfondie donnera la clé du grand problème de la navigation atmosphérique.

Nous espérons et nous souhaitons, en terminant cette préface, que le présent guide viendra combler une lacune regrettable et qu'il constituera le vrai *vade-mecum* de l'aéronaute. Nous ferons remarquer en passant que tous les renseignements que l'on y trouvera ont été puisés aux sources les plus sûres, et que nous en avons contrôlé l'exactitude autant que cela nous a été possible. Ancien membre de plusieurs sociétés aérostatiques, élève de célèbres aéronautes et aérostiers militaires, il nous a été possible d'obtenir un grand nombre de documents inédits et que nous avons réservés pour cet ouvrage purement scientifique et pratique.

Ces explications données, nous entrons de suite de plain-pied dans notre sujet.

TRAITÉ D'AÉROSTATION

CHAPITRE PREMIER

Construction des ballons.

Tracé de l'épure d'un ballon sphérique. — Couture des fuseaux. — Vernissage de l'étoffe. — Poids et prix de revient d'un mètre carré. — Filet, épure et tressage. — Corderie. — Soupapes. — Nacelles. — Engins d'arrêt. — Tuyaux et accessoires. — Conduite d'un aérostat. — Voyages au long cours. — Chauffage et éclairage de la nacelle.

Le matériel d'un aérostat à gaz destiné à emporter des voyageurs se compose des pièces suivantes :

L'enveloppe avec ses soupapes ;

La corderie comprenant le filet, les suspentes, le cercle et la nacelle ;

Les engins d'arrêt ;

Les accessoires pour le gonflement, les instruments d'observation, etc.

Nous étudierons successivement la fabrication de ces différentes pièces.

I. Enveloppe. — Quel que soit le tissu adopté, la manière de le découper pour arriver à la confection d'un ballon sphérique ne varie pas. Elle consiste à détacher de la pièce d'étoffe, d'après un patron déterminé par procédé géométrique,

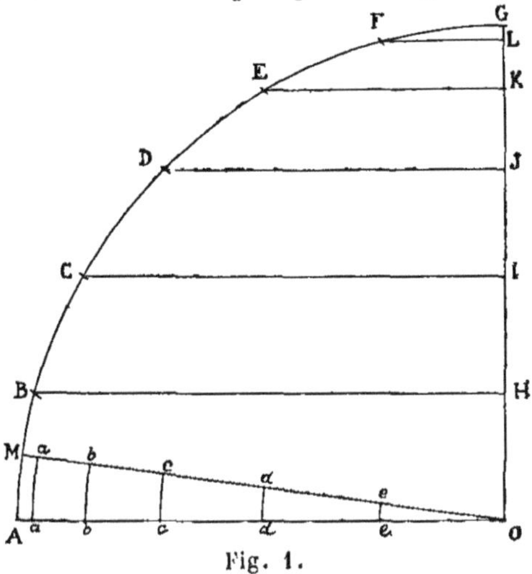

Fig. 1.

des bandes ou *fuseaux* que l'on n'a plus, ensuite, qu'à coudre ensemble.

Voici comment s'obtient ce patron (fig. 1) :

Sur un quart de cercle AG (voyez la figure), on prend, de A en G, la longueur du rayon OA égal à celui du ballon que l'on veut faire ; on en fait autant de G en A, ce qui donne deux points E et C. Le quart de cercle se trouve ainsi divisé en trois arcs égaux AC, CE et EG. On prend le milieu de ces trois arcs et l'on a six nouveaux arcs égaux AB, BC, CD, DE, EF et FG qui représentent chacun la vingt-quatrième partie de la circonférence entière. Traçons les parallèles HB, IC, JD, KE et LF et prenons au point M le milieu de l'arc AB pour tracer la ligne OM. Ensuite du point O comme centre, avec les rayons HB, IC, JD, KE et LF, décrivons successivement les arcs *aa*, *bb*, *cc*, *dd*, *ee*.

Reportons maintenant (fig. 2) la demi-circonférence, dont le rayon est OA sur la ligne droite SR que l'on a obtenue et portant douze fois la longueur de l'arc AB, et soient *a'*, *b'*, *c'*, etc., les points correspondants à ces douze longueurs, il ne reste plus qu'à décrire, du point P

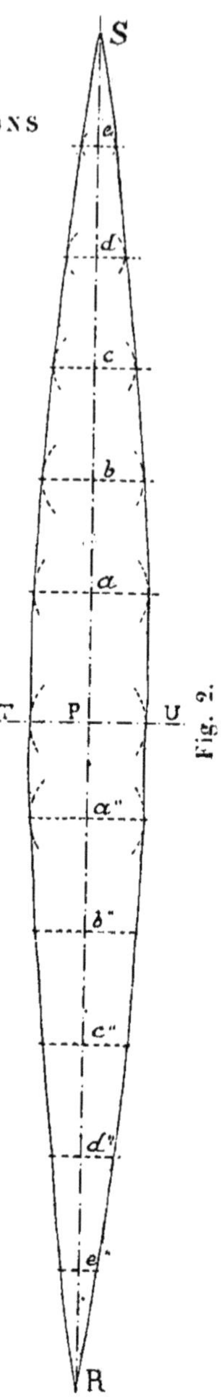

Fig. 2.

avec le rayon AM deux arcs de cercle ; des points a' comme centre, avec le rayon aa deux seconds arcs de cercle, des points b comme centre, avec le rayon bb deux autres arcs de cercle, et ainsi de suite, puis à tracer à la main les deux courbes STR et SVR tangentiellement à tous ces arcs de cercle et on aura le patron du fuseau. Ce fuseau étant la vingt-quatrième partie de la sphère, il faut par suite en accoler 24 pour obtenir une sphère à peu près parfaite dont le rayon est égal, ainsi que nous l'avons dit, à celui du quart de cercle AOG.

Veut-on, par exemple, confectionner l'enveloppe d'un ballon pouvant contenir environ 2,000 mètres cubes de gaz ? Il faudra que le patron du fuseau soit donné par un quart de cercle de 8 mètres de rayon. Alors, en effet, d'après la formule ordinaire :

$$V = \frac{4}{3} \pi R^3$$

le volume obtenu sera exactement de 2,144 mètres cubes.

Un ingénieur aéronaute bien connu, M. Gabriel Yon, indique le procédé d'épure suivant bien supérieur, comme on va en pouvoir juger, à celui que nous venons de décrire, et qui est rabâché depuis un siècle dans tous les livres traitant de ballons.

Étant donné la confection d'un aérostat sphérique de 1,200 mètres cubes, le diamètre, dans ce cas, ressort par D = $13^{m},20$, nous aurons donc la formule ($D \times \pi \times D \times \frac{0}{6} = 1,204^{mc},344$) représentant les calculs ci-après, $13^{m},20 \times 3,1416$ pour la circonférence, soit $41^{m},469$, d'où $41^{m},469 \times 13^{m},20 = 547^{m},383$ pour la surface et $547^{m},383 \times \frac{13^{m},20}{6} = 1,274^{m},344$ pour le cube.

Ceci une fois établi, il nous faut encore rechercher le nombre des côtes correspondantes, en utilisant une étoffe supposée être de $0^{m},80$ de largeur, tout en tenant compte d'une marge suffisante pour le surcroît des coutures et des déchets qui tombent sur les lisières pendant la coupe. La couture ordinairement employée nécessite $0^{m},015$ pour chaque côté du fuseau, soit 3 centimètres par fuseau ; si nous ajoutons un écart à peu près égal pour les fausses coupes, on voit qu'on ne peut guère compter sur plus de $0^{m},80 - (0^{m},015, \times 4)$ soit $0^{m},74$ comme largeur effective de l'étoffe employée. Or, $\frac{41^{m},469}{0^{m},74} = 56$. Sachant ainsi le nombre de fuseaux nécessaires, on peut procéder au tracé graphique, suffisamment explicable par la démonstration du problème géométrique qui résulte de la formule $0^m,74 : 13^m,20 :: x : 1$ mètre, d'où $\frac{0^m,74}{13^m,20} = 0^m,056$ comme valeur de x et égale à 1 mètre pour celle de l'échelle de proportion du plan ramené à la largeur de l'étoffe qui doit servir à l'établir.

« Comme il ne serait pas possible, ajoute M. Yon, de donner un dessin de la grandeur que donnerait une semblable échelle, on peut le réduire au dixième d'exécution. Il est facile de se rendre compte que toutes les parallèles sont forcément exactes et qu'il suffira de les distancer entre elles dans la proportion voulue pour avoir un des fuseaux de l'aérostat. Exemple : le nombre des divisions du cercle étant de 40, et la circonférence de $41^m,469$, on a $\frac{41^m,469}{40} = 1^m,036$ pour chaque distance des parallèles, d'où, pour la partie supérieure, depuis le point central O de la soupape jusqu'à l'équateur, dix parallèles, et de l'équateur à l'appendice portant la tubulure inférieure de gonflement, onze parallèles, soit un total de vingt et une parallèles par fuseau (fig. 3). La longueur vraie de ce fuseau sera donc la suivante dans son axe longitudinal : parallèles de 0 jusqu'à 22 ou $21 \times 1^m,036 = 21^m,756$. Ces

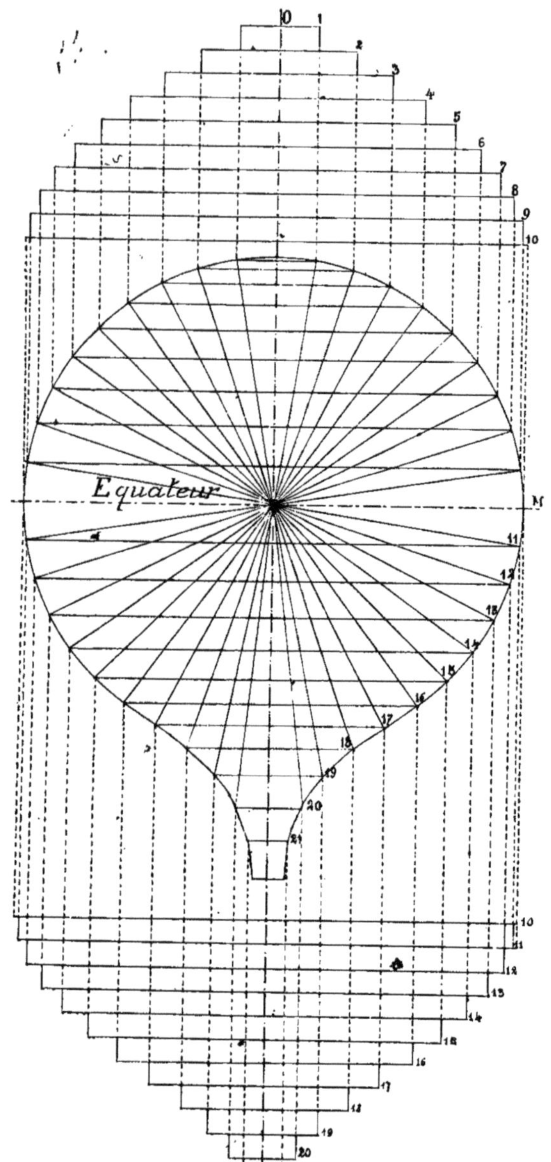

Fig. 3. — Tracé de l'épure d'un aérostat sphérique d'après M. G. Yon.

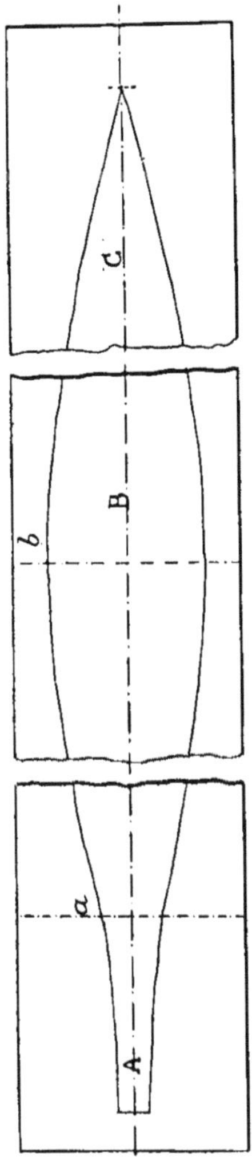

Fig. 4.

chiffres viennent corroborer la valeur de la formule employée et celle du tracé graphique utilisé ; ils peuvent également servir de contrôle aux mesures que donnerait le même plan s'il était en grandeur d'exécution. »

Le fuseau ainsi tracé sur le papier par les procédés géométriques ci-dessus, il faut tailler un patron exact qui servira à découper le ballon. Il est rare que l'on taille un fuseau de toute sa longueur d'un seul morceau. Il est plutôt d'usage de l'établir en trois ou quatre fragments (fig. 4). Il faut alors autant de patrons que de fragments. On épingle le patron sur l'étoffe et on découpe un à un les fuseaux avec des ciseaux, ou bien on empile sur une longue table autant de pièces d'étoffe qu'il y a de fuseaux, on applique le patron par-dessus, on charge avec des poids très lourds pour que rien ne bouge, et, à l'aide d'un tranchet solide et bien affûté, on découpe tous les fuseaux à la fois en suivant exactement les contours du modèle et en ménageant toujours de chaque côté le rebord nécessaire à la couture.

Les différents fragments composant un fuseau entier sont d'abord réunis (tête, équateur, appendice), on les faufile d'abord, puis on les coud solidement à la machine avec du fil de chanvre plutôt que de coton. Quand on a tous les fuseaux entiers, on les réunit deux par deux, puis quatre par quatre et enfin, quand tous sont cousus, on ajoute la tête et la tubulure d'appendice. Les coutures sont ensuite rabattues et, pour éviter les fuites de gaz, on les recouvre d'une bande fixée avec une dissolution de caoutchouc à chaud. C'est de cette façon que fut établi le grand ballon captif Giffard en 1878.

II. Filet et cordages. — Le filet enveloppe le ballon jusqu'aux deux tiers. Il a pour but de répartir également sur toute la surface de l'enveloppe le poids de la nacelle et de son contenu et il se termine par les cordes de suspension qui sont attachées au cercle d'amarrage.

Au sujet de la construction du filet, M. Yon

dit ce qui suit : « En principe, il est bon de ne pas dépasser 1/3 de mètre comme mesure de grandeur d'une maille de filet à l'équateur, dans les ballons de petit cube ; de plus, le nombre de cordes qui relient le filet au cercle doit toujours être pair, c'est-à-dire divisible à l'infini. Or, en admettant, comme dans le ballon de 1,200 mètres cubes dont nous parlions plus haut, que la circonférence soit de 41m,469, on trouve alors $\frac{41^{m},469}{128} = 0^{m},324$, comme mesure d'une maille à l'équateur, en prenant comme chiffre 128 divisions ; les petites pattes d'oie inférieures réunissant chacune deux mailles, on aura pour leur quantité $\frac{128}{2} = 64$, et enfin pour les grandes pattes d'oie qui prennent à leur tour deux des petites $\frac{64}{2} = 32$; ce nombre est exactement celui des cordeaux de suspension qui relient le réseau du filet au cercle intermédiaire de la nacelle ; les cordages de celle-ci sont moins nombreux et, en général, du quart de celui des cordeaux, soit $\frac{32}{4} = 8$. Pour nous résumer, nous dirons donc que la composition du filet sera la suivante : cordes de nacelle = 8, de suspensions 32, petites pattes d'oie 64 et nombre de mailles à l'équateur 128, ce qui fait que, comme il y a deux filins par mailles, on aura

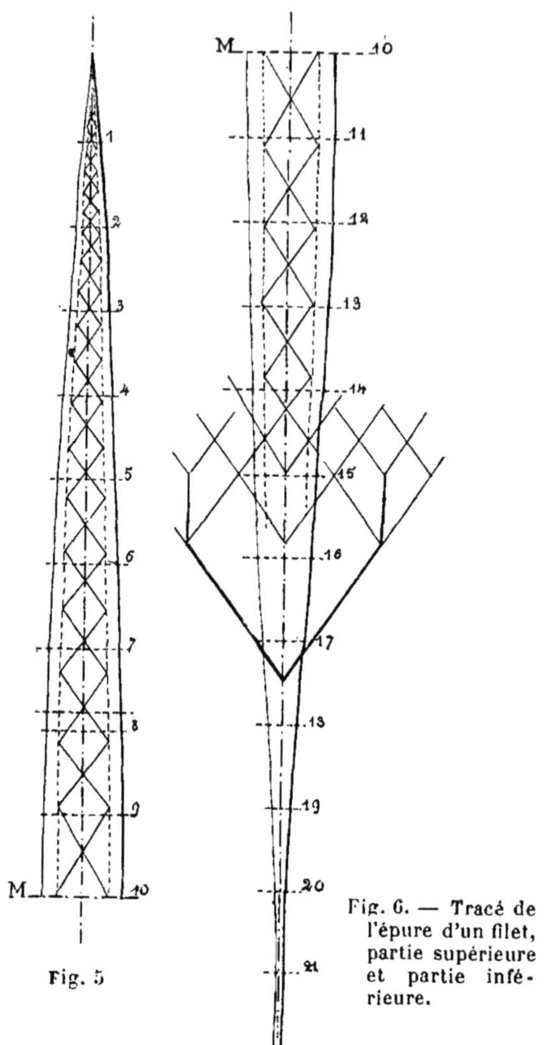

Fig. 5

Fig. 6. — Tracé de l'épure d'un filet, partie supérieure et partie inférieure.

un total de 256 cordes pour effort général au sommet.

Il suffit, une fois ces chiffres établis, de procéder graphiquement comme on l'a fait pour l'enveloppe du ballon (pour l'épure du filet de l'équateur à la soupape d'un sens, et de l'équateur au point de tangence inférieure des pattes d'oie de l'autre)(fig. 5 et 6), en traçant un second fuseau proportionnel sur le premier, la distance des parallèles restant, pour l'un comme pour l'autre, identiquement semblable, la formule devient celle-ci : $0^m,324 : 13^m,20 :: x : 1$ mètre, d'où $\frac{0^m,394}{60}$ $= 0,024545$ comme valeur de x et égale à 1 mètre pour l'échelle du plan servant au filet.

Ce dernier fuseau terminé sur l'épure en papier appelée à servir de gabarit, pour la coupe de l'étoffe du ballon, il ne reste plus, pour finir, qu'à tracer les mailles suivant leur décroissance naturelle, de l'équateur à la partie supérieure au moyen d'une équerre ; pour les mailles inférieures qui ne changent pas de mesure, il faudra continuellement reporter la même distance jusqu'aux premières pattes d'oie ; le point de départ de la maille équatoriale n'est autre que deux triangles équilatéraux dont les côtés se rencontrent en formant un losange parfait, d'où toutes les mailles supérieures conservent le même angle et la même forme, mais varient de grandeur en décroissant jusqu'au sommet, tandis que les

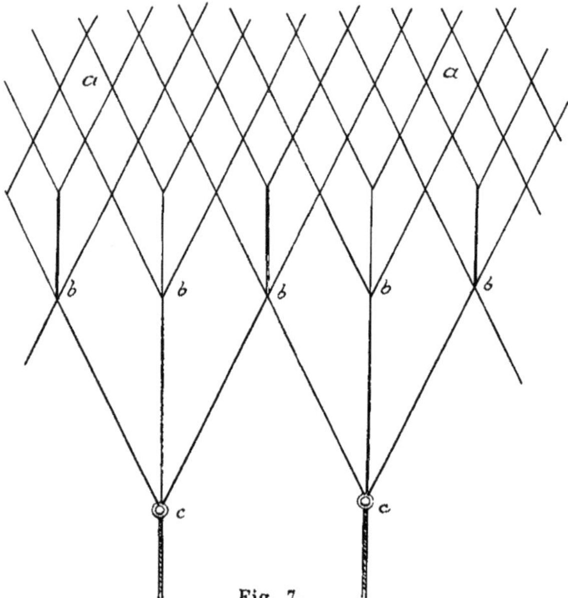

Fig. 7.
a. mailles inférieures du filet. — *b.* petites pattes d'oie.
c. grandes pattes d'oie.

mailles inférieures dont la longueur de côté du losange est invariable, changent d'angle et de forme au fur et à mesure qu'elles se rapprochent de la tangente où commencent les premières pattes d'oie et s'allongent de plus en plus,

Cette combinaison a sa raison d'être pour satisfaire à l'opération délicate du gonflement, car il faut tenir compte de ce que les sacs de lest, accrochés tout autour de la circonférence du ballon, suivent forcément presque une verticale en vertu de leur pesanteur à partir de l'équateur et que le filet doit remplir les mêmes conditions, c'est-à-dire descendre sous forme de cylindre jusqu'aux *pattes d'oie* qui le terminent.

Les cordes de suspension, ou suspentes, doivent conséquemment avoir comme longueur environ la moitié du diamètre (ou le rayon) de l'aérostat, afin de pouvoir faire un semblant d'angle droit entre les extrémités des grandes pattes d'oie et ce cercle au moment du glissement des sacs sur les cordes quand le ballon gonflé se redresse au-dessus de sa nacelle.

L'exécution manuelle du filet a lieu suivant différents procédés, dont les plus communément employés sont les suivants : la *tête* du filet étant terminée, on l'attache à un crampon fixé dans un mur, et, tenant d'une main la navette sur laquelle la ficelle est enroulée, on fabrique chaque tour de mailles et les nœuds (fig. 8) les réunissant les unes aux autres en mesurant chaque fois chacune d'elle sur un *calibre* tenu de la main gauche. On bien encore, l'épure étant tracée sur une planche, on plante des clous à l'intersection de chaque maille et on les reproduit en les calquant sur le dessin. On fait le nœud de chaque maille sur un clou, ce qui facilite beaucoup l'exécution.

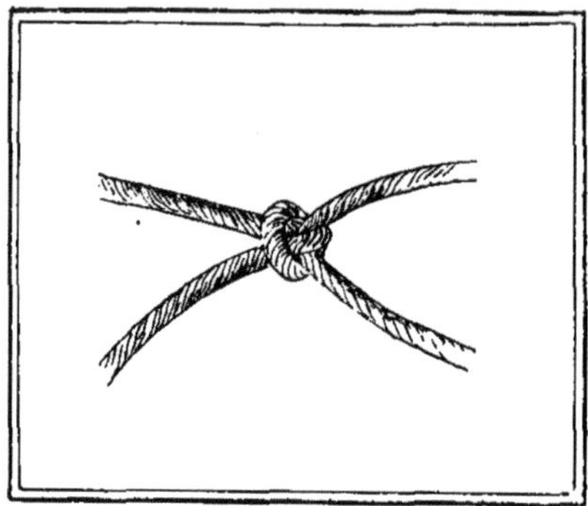

Fig. 8. — Nœud de filet (grandeur nature).

Vernissage. — Une fois l'enveloppe du ballon terminée, on peut procéder à son imperméabilisation, qui a pour but de boucher tous les pores du tissu et la rendre moins sensible aux effets d'endosmose. Il existe un grand nombre de vernis aérostatiques, les uns à base de caoutchouc, les autres à base d'huile siccative. Le meilleur était certainement celui de Coutelle et Conté : un ballon verni par les procédés de ces savants demeura six mois gonflé sans pertes appréciables, mais la composition de ce vernis s'est égarée. Les officiers des ateliers d'aérostation militaire de Chalais-Meudon pensent avoir retrouvé cette recette d'enduit vitreux, mais il n'est pas prouvé que ce soit bien la même formule.

Quoi qu'il en soit, le vernis à ballons le plus commun est celui qui est fabriqué comme suit par M. Arnoul à Saint-Ouen.

C'est un mélange par parties de deux sortes d'huile de lin cuite, dont la première est réduite par la litharge et l'oxyde de manganèse, tandis que l'autre est épaissie au contact de l'air à une température élevée.

Pour préparer l'huile A, on met dans une chaudière chauffée à feu nu, pour 100 kilogrammes d'huile de lin claire, 4 kilogrammes de litharge en paillettes et 1 kilogramme de terre d'ombre calcinée concassée en petits morceaux. On élève la température à 150° environ et en ayant soin d'agiter souvent la litharge qui se tasse au fond de la chaudière. On maintient cette température pendant six à sept heures. Il n'y a aucun inconvénient à chauffer jusqu'à 200°. Il se dissout davantage d'oxyde de plomb, l'huile se fonce en couleur et devient plus siccative. — On laisse reposer quelques jours. — La partie claire, 90 p. 100 environ, est l'huile siccative que j'ai dénommée A. Le dépôt contient divers produits dans lesquels dominent l'oxyde de plomb, et du plomb réduit à l'état métallique, très divisé.

L'huile B simplement épaissie à l'air, sans addition d'oxydes, se prépare ainsi :

On chauffe l'huile de lin claire en élevant progressivement la température ; vers 260-270°, l'odeur d'acroléine est dans toute sa force : on continue à chauffer encore, et bientôt apparaissent des points blancs fournis par une mousse légère ; c'est à ce moment que commence l'oxydation à l'air. Quand on opère en grand, il faut chauffer avec beaucoup de précaution, car l'inflammation ne se fera pas attendre. On doit, pour bien épaissir l'huile faite par ce procédé, arriver à couvrir entièrement la surface de l'huile, de la mousse blanche, indice certain que l'huile absorbe l'oxygène de l'air.

Avec ces deux procédés, on peut obtenir soit par mélange, soit en les combinant dans la fabrication, toutes les huiles siccatives et plus ou moins épaisses que l'on peut désirer.

Quoi qu'il en soit, l'opération du vernissage s'exécute comme suit. Après avoir étendu le ballon sur une longue table, on humecte de vernis le fuseau qui se trouve placé en dessus. A l'aide de tampons faits des déchets de la couture, ou même avec la paume de la main, on étale ce vernis sur l'étoffe, et on force l'huile à pénétrer dans les pores. Une fois que toute la surface du ballon a été frottée, on retourne celui-ci comme on ferait d'un gant et on procède de même pour l'intérieur.

Par suite de la réaction chimique qui se produit par l'application du vernis sur l'étoffe, l'enveloppe s'échauffe considérablement.

Pour combattre cet échauffement qui, mal surveillé, dégénérerait en incendie, et pour favoriser en même temps le séchage, il est d'usage de remplir l'aérostat d'air ordinaire, à l'aide d'un ventilateur (fig. 9) et de le retourner de temps à autre, pour activer l'évaporation de l'huile.

Le séchage terminé, on applique une seconde couche de vernis, on ventile, puis on étend une troisième et une quatrième, jusqu'à ce que l'épaisseur de la pellicule soit suffisante, et l'imperméabilité assurée.

« Les étoffes qui se prêtent le mieux à la construction d'un ballon, dit M. Gabriel Yon, sont de quatre genres, et on peut les classer comme suit, suivant leur prix, poids et résistance.

« 1° La soie ou taffetas coûte 10 francs par mètre carré de surface d'étoffe, son coefficient de résistance est égal à 20 000 fois son poids propre qui est d'environ 50 grammes par mètre

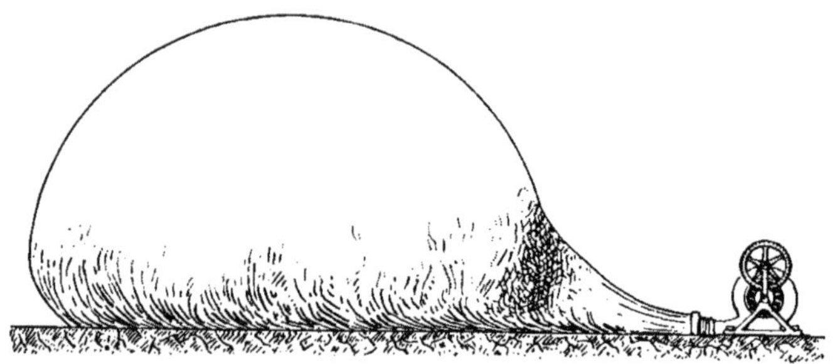

Fig. 9. — Ventilation d'un ballon.

carré, ou 50 gr. × 20 000 = 1 000 kilogrammes à la rupture par mètre.

« 2° Le ponghée ou soie de Chine revient à 3 fr. 50 par mètre carré de tissu, il pèse environ 80 grammes et supporte 12500 fois son poids, ou 80 gr. × 12 500 fois = 1 000 kilogrammes ;

« 3° La toile de lin coûte 2 fr. 50 le mètre carré, elle pèse environ 115 grammes, son coefficient de rupture est de 8 000 fois son poids propre ou 125 gr. × 8 000 fois = 1 000 kilogrammes.

« Il est facile avec ce qui précède de se rendre compte des différences de poids qu'il faut compter pour le matériel, si l'on veut rester dans la résistance initiale de 1 000 kilogrammes à la rupture par mètre carré d'étoffe, que je conseille pour un aérostat de 1 200 mètres cubes.

« Comme il existe toujours une différence dans la force des tissus, entre le sens de la chaîne et celui de la trame, il faut avoir soin de prendre comme rapport le plus faible des deux.

« Nous allons considérer maintenant les étoffes recouvertes de vernis imperméable et déterminer les poids additionnels que ces enduits communiquent aux tissus après le vernissage.

« Le prix courant des vernis Arnoul est d'environs 1 fr. 50 le kilog. La soie pesant 50 grammes par mètre carré en prend pour trois couches 1 fois à 1 fois et demie son poids au maximum, soit 50 × 1,5 = 75 grammes d'huile cuite et 50 + 75 = 125 grammes de poids total d'étoffe vernie.

« Le ponghée pesant 80 grammes par mètre carré prend également en vernis à trois couches une fois à une fois et demie son poids, soit

$80 \times 1,5 = 120$ grammes d'huile cuite, et $80 + 120 = 200$ grammes pour le poids total du mètre carré d'étoffe.

« La toile pesant 125 grammes le mètre carré n'augmente de densité, avec ses trois couches, que 1 fois à 1 fois 1/2 son poids, soit $125 \times 1,5 = 187$ grammes d'huile, et $125 + 187 = 321$ grammes pour le poids total du mètre carré d'étoffe vernissée.

« Le tissu de coton pesant 167 grammes par mètre carré n'augmente de densité, avec ses trois couches, que d'environ 1 fois et demie son poids, $167 \times 1,5 = 250$ grammes d'huile cuite et $167 + 250 = 417$ grammes pour le poids total du mètre carré d'étoffe imperméabilisée. »

On juge immédiatement par ces chiffres de la différence de poids présentée par les tissus. Le poids respectif de chacune de ces étoffes, une fois vernies, sera donc de 125 grammes le mètre carré pour la soie, 200 grammes pour le ponghée, 300 grammes pour la toile de lin et 400 grammes pour le coton, percale ou cretonne, et par mètre carré de surface.

Nacelle et soupapes. — La nacelle actuellement en usage n'est autre chose qu'un panier en osier tressé, dont le fond est renforcé par de solides traverses et des planches minces, et dont le bordage est rendu indéformable pas un

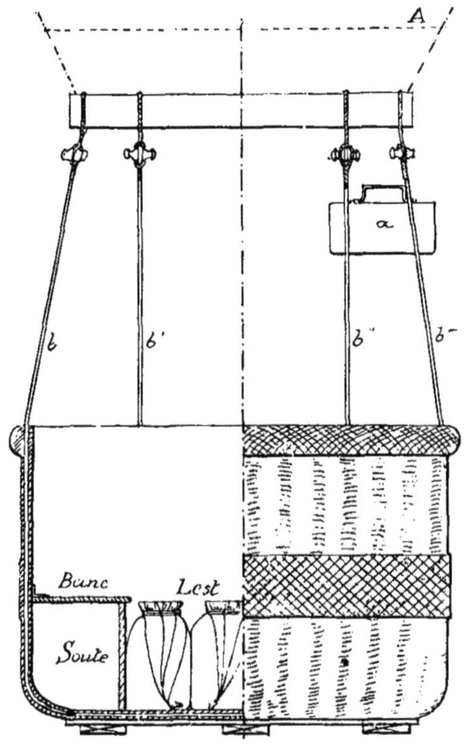

Fig. 10. — Nacelle (face et coupe).
A. ligne des cabillots du filet. — a. baromètre enregistreur.
b, b', b''. cordes de suspension.

cadre intérieur en tube de fer. Une nacelle bien comprise doit être munie de coffres ou *soutes* dont le dessus, garni d'un coussin, sert de siège. Elle est suspendue au cercle par huit

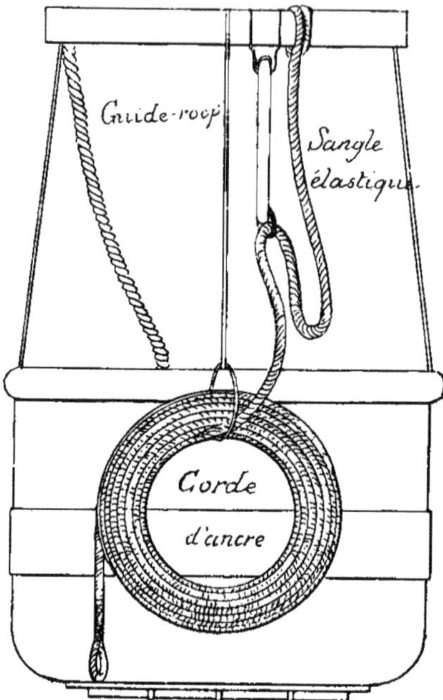

Fig. 11. — Nacelle. — Elévation de côté.

cordes solides, terminées par des boucles, s'engageant dans de forts cabillots faisant partie du cercle (fig. 10 et 11). Ces cordes, pour plus de solidité, sont tressées avec l'osier et passent sous les pieds des voyageurs, c'est-à-dire sous le pont en planches de la nacelle.

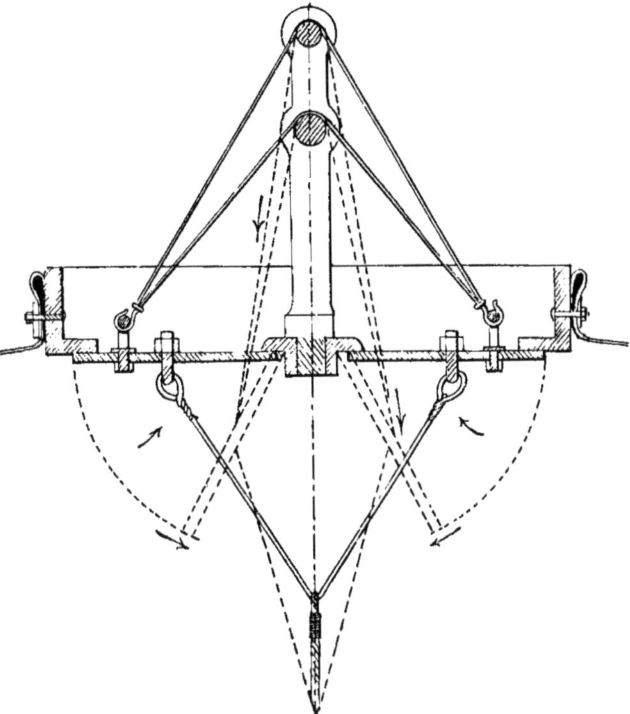

Fig. 12. — Soupape en bois.

La majeure partie des ballons que l'on voit « ascensionner » dans les fêtes et les foires, sont munis de la rudimentaire soupape en bois (fig. 12) qui se compose d'un cercle relié à l'étoffe par une collerette cylindrique entourée d'un cuir cloué tout autour. Ce cercle, en bois de noyer, porte en son milieu, et suivant son diamètre, une traverse qui supporte un chevalet, sur lequel passent des ressorts en caoutchouc qui ont pour but de maintenir les deux volets de la soupape exactement appliqués contre un rebord du cercle. Pour assurer l'étanchéité du joint, on enduit ce rebord d'un mélange de suif et de farine de lin malaxé avec un peu d'eau. La graisse de voiture peut remplacer le suif. Les deux volets ou *clapets* de la soupape sont réunis par quatre charnières à la traverse qui supporte le *chevalet*. Ce chevalet sert à supporter les bandes de caoutchouc dont l'élasticité assure la fermeture des volets. Ceux-ci s'ouvrent à l'intérieur du ballon par la traction d'une corde qui pend verticalement jusque dans la nacelle, à portée de la main de l'aéronaute.

Ce système un peu primitif a été amélioré par divers constructeurs, notamment Giffard, Yon et Hervé. Nous décrirons la soupape perfectionnée de M. Yon, qui est représentée figures 13 et 14.

Dans cette soupape, le clapet est circulaire et

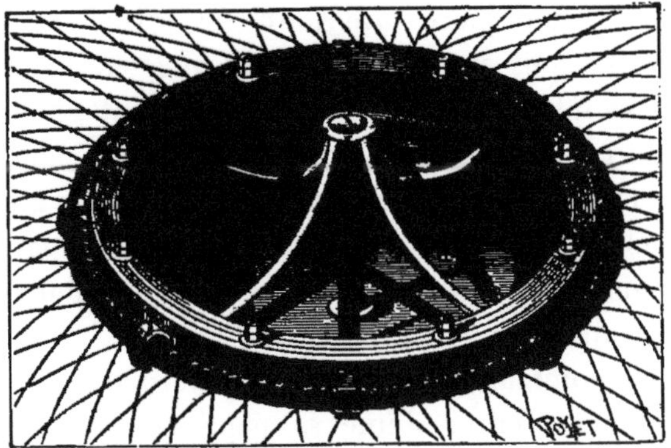

Fig. 13.
Soupape métallique des ballons militaires de M. G. Yon.

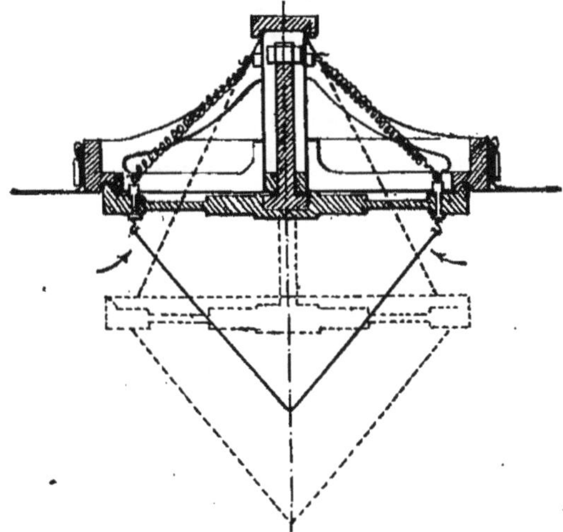

Fig. 14. — Coupe de la soupape métallique de Yon.

d'une seule pièce. Le joint est formé par un rebord qui entre dans une encoche garnie de caoutchouc. Les caoutchoucs antagonistes sont remplacés par quatre ressorts à boudin en acier. Une tige terminée par un écrou glisse dans un creux et l'ouverture s'obtient par le moyen d'une corde, comme dans les soupapes ordinaires.

Le commandant Renard a pourvu les ballons captifs militaires d'une soupape dont la commande s'obtient de la nacelle à l'aide d'une poire à air comprimé. Un indicateur permet de connaître la quantité de gaz qu'on laisse échapper, et un déclanchement permet l'ouverture totale et constante de l'orifice de dégorgement, sans qu'il y ait à demeurer pendu à la corde comme lorsqu'on dégonfle un ballon muni d'une soupape ordinaire

Pour *poser* une soupape à une enveloppe aérostatique, on pratique une ouverture au sommet du globe et on y fait entrer le cercle de la soupape. On fixe d'abord avec de petits clous ou des *semences* de tapissier. On a une bande de cuir de mouton qu'on a mis ramollir durant une journée dans l'eau. Ce cuir s'applique sur l'étoffe de manière à la bien serrer sur le siège de la soupape et il est cloué avec des petits clous à large tête plate ou bombée. On cloue ensuite tout autour et à distances égales les unes des autres, huit courroies de cuir à boucles, et on

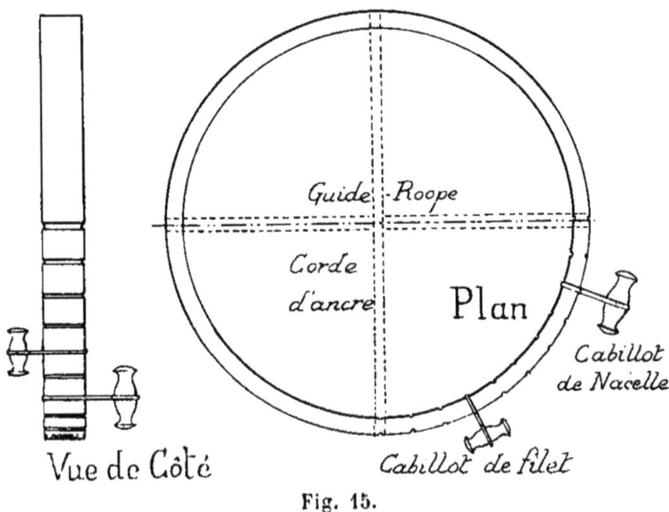

Fig. 15.

serre le tout avec un long cordeau que l'on tourne une douzaine de fois autour de la soupape. Ces courroies servent de repères pour la pose du filet, et l'attache du cordage appelé *couronne* qui termine le filet à la partie supérieure.

Le cercle d'appendice se cloue sur l'étoffe par

les mêmes procédés. Il doit être muni de trois pitons solidement vissés et auxquels sont attachées trois cordelettes se réunissant sur un seul cordage que l'on attache au cercle au moment de la descente.

Cercle. — Le cercle a pour but de répartir également le poids de la nacelle et de son contenu sur tout le filet. C'est un assemblage de cerceaux en hêtre, noyer ou chêne, de section circulaire ou rectangulaire, courbés à chaud, collés, tournés et enfin vernis. La grandeur du cercle est une affaire de goût et de coup d'œil, et son diamètre doit être en rapport avec les dimensions de la nacelle. Il doit toujours être plus petit que celle-ci.

Pour ajouter de la solidité au cercle on le serre fortement, extérieurement, avec une longue cordelette solidement nouée.

Un cercle est pourvu ordinairement de 40 encoches, 32 petits trous pour les cordes de filet, 8 plus profondes pour les cordes de nacelle (fig. 15). On passe dans ces encoches des *boucles* semblables à celles de la *vue de côté* et faites par *épissures*. On laisse un bout de 10 à 12 centimètres et on fait une seconde boucle pour fixer le *cabillot*.

Les *cabillots* sont des olives en bois ordinaire tourné et verni (voy. fig. 16). Leur taille varie suivant la taille du ballon, mais il y en a toujours de deux grandeurs : les plus petits sont réservés aux boucles terminant les cordes de

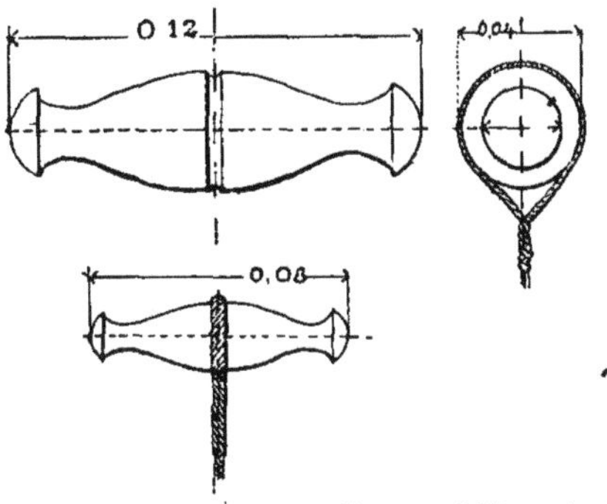

Fig. 16. — Cabillots de nacelle et cabillots de filet.

suspension, les plus grands pour les boucles des cordes de la nacelle. Un cercle en possède autant que d'encoches, c'est-à-dire 40 pour les ballons de cube ordinaire.

Les engins d'arrêt sont toujours attachés au cercle, dont la solidité doit être à toute épreuve puisque c'est la partie qui fatigue le plus. Ordinairement on fixe la corde d'ancre et de guide-rope en croix, lorsque l'aérostat est sur ses amarres et quelques instants avant le départ. Deux demi-clefs et un nœud plat suffisent. On peut intercaler l'*anneau de caoutchouc* de Giffard sur l'attache de la corde d'ancre, afin que l'élasticité de l'attache amoindrisse le choc brusque de l'arrêt au moment où l'ancre vient en prise. (Voyez la figure 11.)

III. *Engins d'arrêt.* — Les organes destinés à enrayer la course d'un aérostat et à le rattacher au sol au moment où il redescend des hautes régions, sont, pour les ascensions continentales, l'*ancre*, le *guide-rope*, le *grappin*, et, pour les ascensions maritimes, le *cône-ancre*, le *frein*, et l'*équilibreur*.

Les poids des ancres sont en rapport avec la taille du ballon ; ainsi un aérostat de :

300 mètres cubes	aura	une ancre de	8 à 10 kil.
500	—	—	12 à 15 kil.
800	—	—	18 à 20 kil.
1200	—	—	25 à 28 kil.

La forme d'ancre la plus commune, mais non pas la meilleure est celle *à jas* (fig. 17) que l'on fait tout en fer et qui ressemble à l'ancre marine.

M. Yon que nous citons textuellement, car c'est un maître, dit ceci :

« Je me suis aperçu que, dans la plupart des

cas, le grappin ordinaire n'avait véritablement d'action que dans les branchages, arbustes, etc.; mais qu'en plaine et sous l'effet d'un traînage violent, il ne pouvait que ralentir la vitesse par sa friction sur le sol, sans faire prise en s'ancrant

Fig. 17. — Ancre ordinaire à jas en bois.

profondément et d'une façon définitive; l'ancre à deux branches, avec jas en bois, est elle-même susceptible de se renverser par côté, elle travaille alors obliquement d'une façon anormale en fatiguant la traverse de bois qui peut arriver à se rompre et à compromettre la sûreté du capitaine de bord et de ses passagers.

« Ces différents inconvénients m'ont conduit à construire un type spécial empruntant aux deux premiers leurs qualités, ce qui, réuni dans un seul organe homogène, permet de considérer

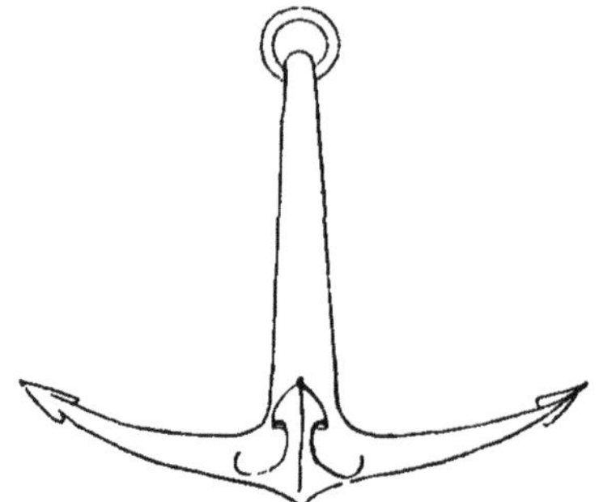

Fig. 18. — Grappin aérostatique ordinaire.

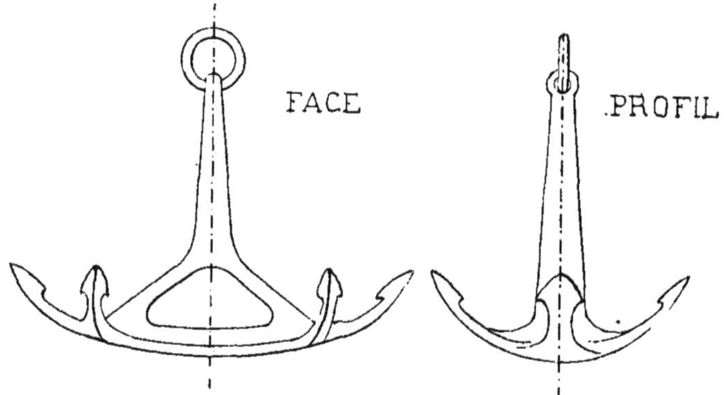

Fig. 19. — Ancre perfectionnée de Yon.

cette pièce comme composée de deux ancres ordinaires dont les pattes d'arrêt sont toujours forcément et normalement à tout instant en travail ; puis de conserver à l'ensemble par côté toutes les ressources que présente le grappin le mieux compris et enfin de supprimer la pièce de sapin, qui n'a plus sa raison d'être avec ce nouvel engin d'atterrissage ; son poids pour les efforts

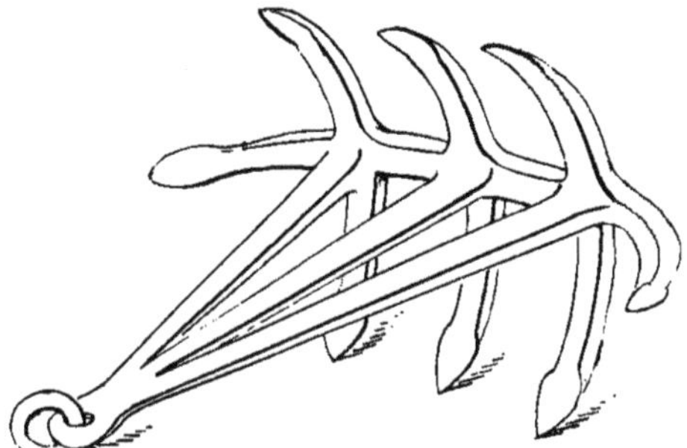

Fig. 20. — Ancre à 8 pattes de Henri Hervé.

qu'il a à subir, calculé sciemment en rapport de la puissance de l'aérostat qui est appelé à le porter, est un peu supérieur à ses devanciers, mais j'admets avec la pratique que son effet est plus que doublé sur la terre ferme, et probablement triplé dans une descente en plein bois, seul emplacement qu'il est sage de choisir pour s'arrêter quand la vitesse du vent dépasse un maximum de quinze mètres par seconde. »

Le grappin à quatre branches aigües (fig. 18)

est très efficace, mais l'engin le plus puissant est l'*ancre-herse* du commandant Renard, laquelle se compose d'une série de cadres en fer se reployant les uns sur les autres au repos et munis sur leurs deux faces de dents en acier qui mordent dans

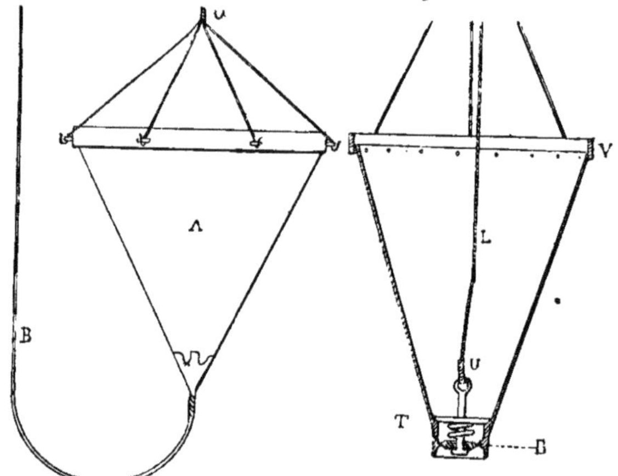

Fig. 21.
Cône ancre de Sivel.

Fig. 22.
Cône ancre à clapet délesteur.

le sol. Cette ancre prend instantanément dans tous les terrains et arrête aussitôt le ballon aussi lancé qu'il soit.

Pour les descentes en mer, le *cône-ancre* de Sivel (fig. 21) est l'appareil le plus communément employé. C'est un vaste sac en toile goudronnée, d'une capacité en rapport avec le cube du ballon, et attaché à l'extrémité d'une longue corde frappée sur le cercle. Ce cône jeté à la mer se remplit d'eau et permet de maintenir l'aérostat stationnaire au-dessus des flots.

Différents autres appareils ont été imaginés dans le même but. C'est ainsi que Duruof et Renoir ont inventé la *voile sous-marine*, et M. Hervé l'*équilibreur automatique* dont nous dirons deux mots ici.

L'*équilibreur automatique*, composé d'un flotteur métallique fusiforme maintenu à l'extrémité d'une corde fixée au grèement de l'aérostat. Le poids de cet organe correspond au poids du lest qui pourrait être enlevé dans les conditions ordinaires. Il est calculé de manière à corriger pendant un laps de temps déterminé toutes les tendances ascensionnelles ou descensionnelles dues aux phénomènes de dilatation barométrique et thermométrique, pluie, fuites par l'enveloppe, etc. Ce flotteur est donc plus ou moins immergé suivant l'intensité positive ou négative des actions météorologiques auxquelles est soumis l'aérostat, mais celui-ci ne peut en aucun cas être entraîné vers les hautes régions, et sa chute ne saurait plus être déterminée que par des fuites accidentelles de l'enveloppe si le voyage devait être prolongé au delà des limites maximum prévues.

Plan de déviation et d'arrêt ou déviateur équilibré. Cet appareil est formé d'une surface rigide plane ou biconcave de forme allongée. Ce plan est maintenu à une distance constante au-dessous de la surface de l'eau et perpendiculairement à celui-ci, au moyen d'un flotteur allongé, parallèle au plan et situé un peu au-dessus de ce dernier. Le flotteur forme ainsi la base supérieure d'un triangle équilatéral dont les deux côtés sont constitués par deux tiges métalliques portant le plan déviateur à proximité de la base et convergeant en un sommet inférieur auquel est fixée une masse métallique destinée à maintenir le système dans la verticale. Deux cordes fixées aux extrémités horizontales du déviateur montent jusqu'à la nacelle où elles se réunissent sur la circonférence d'une poulie dont l'aéronaute commande le mouvement de rotation à l'aide d'une vis tangente.

Les tractions sont, par suite, équilibrées et se répartissent uniformément sur les cordes. Les points d'attache de celles-ci sur le plan se trouvant légèrement en dessous de la ligne des centres de résistance cette disposition empêche l'émersion du déviateur lors de l'arrêt en lui donnant une légère inclinaison qui tend à l'immerger davantage, et constitue, en ajoutant son action à celle de la masse métallique inférieure et du flotteur du plan, un véritable régulateur d'immersion.

La corde de l'équilibreur est plus courte d'un tiers environ que celle du déviateur, afin que la traction conserve une obliquité suffisante.

Ainsi, le ballon flottant toujours à la même hauteur, grâce à son équilibreur automatique qui doit même, à la fin du voyage et quelles que soient les circonstances atmosphériques, lui conserver un excédent de force ascensionnelle, peut : 1° suivre la ligne du vent en laissant la déviation dans la direction de cette ligne ; 2° s'en écarter en inclinant le plan ; 3° s'arrêter en lui donnant une position perpendiculaire à la ligne du vent. La vitesse de translation de l'aérostat sera en raison inverse de la déviation. L'arrêt se produira donc pour un angle de 90°, mais il sera nécessaire, par un grand vent, de courir des bordées en laissant dériver, et cela d'autant plus que les tissus de l'aérostat seront moins résistants.

Les ascensions aérostatiques maritimes pourront donc, à l'avenir, atteindre une durée de plusieurs jours, tout en offrant à l'expérimentateur une sécurité suffisante, et lui permettront ainsi d'arracher aux solitudes de l'Océan aérien quelques-uns de leurs secrets.

Renseignements divers. — Tout le filet doit être passé à une préparation hydrofuge appelée à le rendre imputrescible et à atténuer les variations de longueur que subissent les cordes non préparées, sous l'action de l'eau et du soleil ; il existe plusieurs manières de procéder, mais on recommande les deux suivantes :

1° Pour les petites cordes molles, qui ne dépassent pas $0^{m},010$ de diamètre, faire tremper dans une chaudière (où l'on aura fait bouillir préalablement, et jusqu'à parfait mélange, une proportion de 5 kilogrammes de cachou par 100 litres d'eau), puis laisser ainsi submerger pendant quatre à cinq jours avant de faire sécher ; on peut agir de même en plongeant le filet entièrement fini dans un tonneau défoncé par le haut, que l'on remplira jusqu'à immersion et en plusieurs fois, avec le mélange préparé *ad hoc* dans un récipient quelconque ; le poids additionnel que prennent les cordes soumises à cette préparation est de 10 p. 100 au maximum en plus de leur poids primitif, et la perte de résistance qu'elles subissent sous cette action, ressort par environ 5 p. 100 de la rupture franche constatée avant la préparation. Pour les cordeaux depuis 0^{m},010 de diamètre et pour les cordages, chaque fil doit être passé pendant le halage dans un récipient contenant du suif et du goudron de Norwège mélangés par parties égales, chauffés et maintenus à environ 50 degrés centigrades; le poids supplémentaire qui résulte de cette préparation est, au minimum, de 20 p. 100 de celui du textile, et la perte de résistance relevée d'environ 30 p. 100 de la rupture du même cordeau non préparé; il y a donc avantage à employer le cachou seulement pour les cordes et filins ne dépassant pas 0^{m},010 de diamètre.

Gonflement des montgolfières.— Tout ballon, de papier, de toile ou de soie, une fois verni, gréé et muni de sa corderie, est terminé et il peut prendre l'air. Quand il s'agit d'un ballon à feu de petit diamètre, construit par les procédés que nous avons décrits, une personne soutient l'enveloppe à bout de bras par un anneau placé à la partie supérieure du globe ; quand la montgolfière est de grande taille on la suspend à une corde tendue horizontalement entre deux arbres ou deux mâts (fig. 23). On fait du feu à un pied au-dessous de l'ouverture inférieure (de

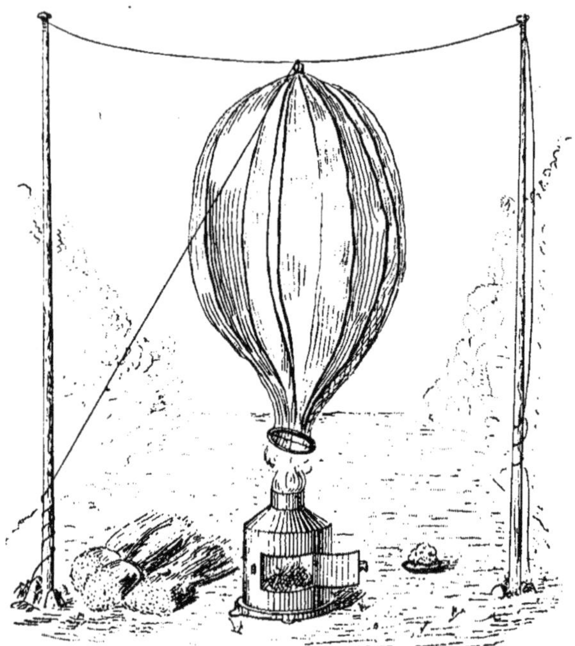

Fig. 23. — Gonflement d'une montgolfière.

la paille, des sarments secs suffisent), puis, quand le ballon est bien rempli d'air chaud et tendu, on suspend au centre de l'ouverture, sur deux fils d'archal en croix, un chiffon ou une éponge imbibée d'esprit-de-vin ou d'essence de pétrole, et on allume en lâchant le globe. L'éponge enflammée réchauffe l'air de la montgolfière et permet à celle-ci de franchir d'assez grandes distances.

Quand, au lieu d'une montgolfière, il s'agit d'un ballon à gaz hydrogène pur ou bicarboné, on procède différemment.

Autrefois, on suspendait le ballon entre deux mâts comme on fait de nos jours pour une montgolfière. Afin d'éviter la pose des mâts, lesquels présentent bien des inconvénients, on se contente d'étendre simplement l'enveloppe aérostatique sur le sol et on la remplit de gaz suivant différentes méthodes dont les plus ordinaires sont celles dites *en épervier* et *en baleine*.

Dans la première disposition (fig. 24 et 25), on étale le ballon sur une bâche, sa soupape au centre et l'équateur en cercle. On dispose ensuite le filet dont on égalise les mailles et on engage le tuyau de gonflement dans la manche de l'appendice appliée sur un tambour de bois intérieur. L'assemblage étant consolidé à l'aide de ligatures en toile ou de ficelles, on peut ouvrir les vannes et laisser le gaz arriver dans le ballon qui se soulève, sa soupape au centre. On

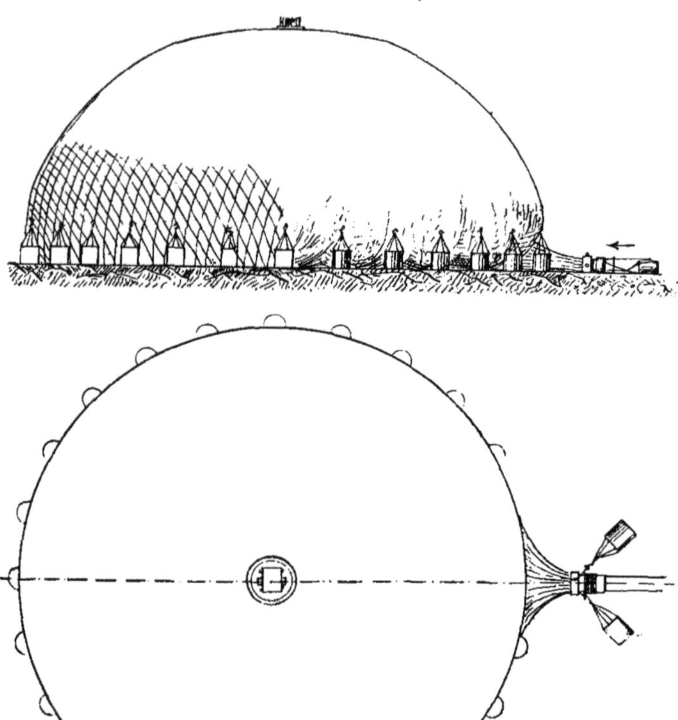

Fig 24 et 25.
Gonflement en épervier. — Elévation et plan.

accroche à la circonférence du filet des sacs de terre, d'un poids variant de 15 à 25 kilogrammes et qu'on descend au fur et à mesure que le gaz tend les parois de l'enveloppe et

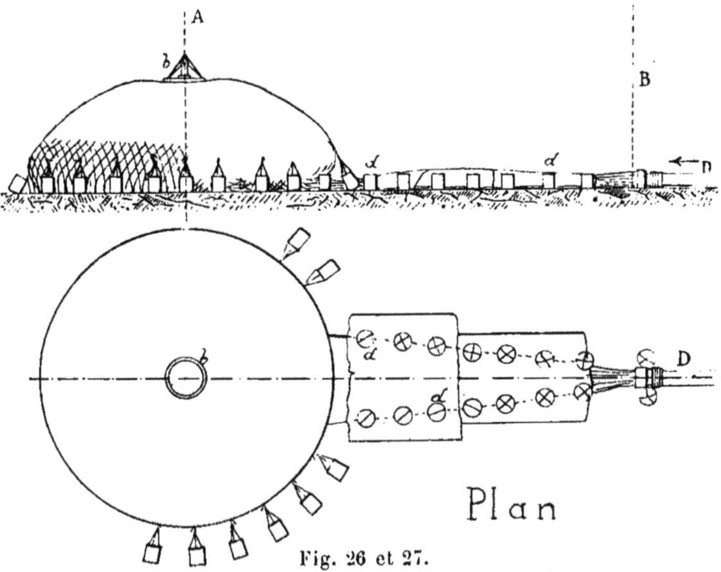

Fig. 26 et 27.
Gonflement en baleine. — Elévation et plan.
A, axe au commencement du gonflement. — B, axe du ballon gonflé. — b, soupape. — d, lest. — D, tuyau amenant le gaz.

communique à l'appareil une plus grande force ascensionnelle.

Dans le *gonflement en baleine* (fig. 26 et 27), le ballon plié par fuseaux est simplement ouvert en deux et recouvert en dessus par son filet. On place, au début, des sacs de terre tout le long des bords du ballon, de façon à ce que la partie supérieure seule s'emplisse de gaz. Quand cette partie est gonflée, on recule les sacs jusqu'à ce que le ballon soit à moitié plein et que la soupape soit redressée dans l'axe. A ce moment

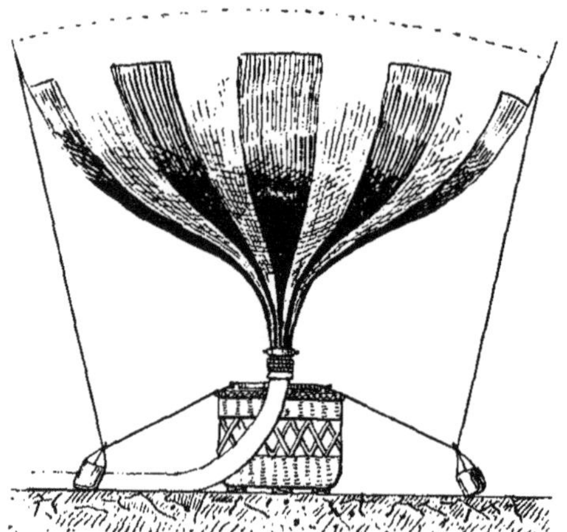

Fig. 28. — Ballon sur ses amarres.

alors, on égalise la traction du filet sur l'étoffe, on accroche les sacs aux mailles du filet, et on les descend à mesure que, la force ascensionnelle devenant plus considérable, le ballon les soulève du sol.

De toute façon, qu'on ait procédé suivant l'une ou l'autre méthode (chacune d'elles a ses avantages et ses inconvénients), il arrive un moment où, le gonflement tirant à sa fin, les sacs se trouvent aux dernières mailles du filet, à l'endroit où les cordelles de suspension s'attachent

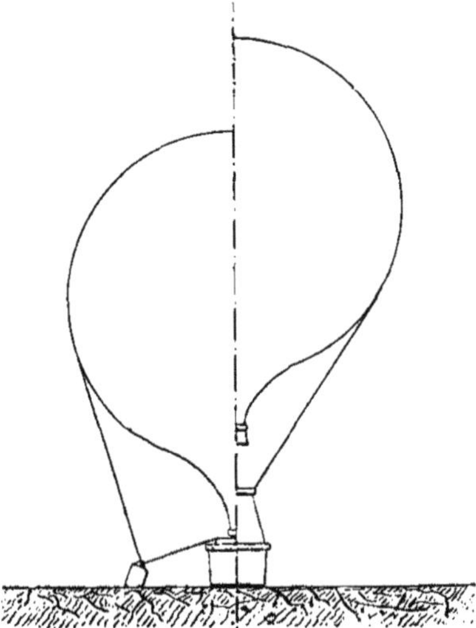

Fig. 29. — Différence de hauteur existant entre un ballon sur ses amarres et un ballon équilibré.

aux *pattes-d'oie* en un mot. C'est à ce moment que l'on fixe le cercle au filet à l'aide des cabillots et des boucles (fig. 28), puis que l'on attache la nacelle par le même système. Cette opération accomplie, les sacs sont décrochés des mailles du filet et placés, les crochets simplement à cheval sur les cordes de suspension. Par sa puissance ascensionnelle le ballon se redresse, les sacs glissent en avançant et arrivent près du cercle.

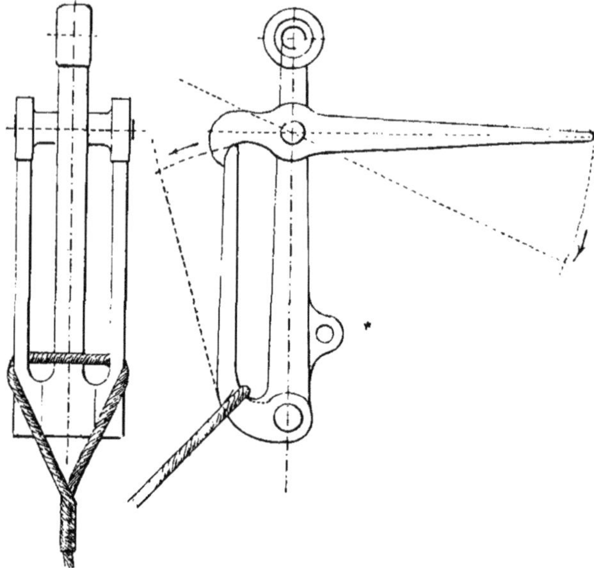

Fig. 30. — Appareil de Cassé pour déclancher instantanément les amarres au moment du lâcher.

Les aides les enlèvent, les entassent dans la nacelle et l'aérostat, dégagé, se redresse entièrement. Il ne reste plus qu'à faire l'"*équilibrage* ou *pesage*.

Pour cela, les passagers et l'aéronaute-conducleur prennent place dans la nacelle et on arrime les engins d'arrêt au cercle. Les instruments sont accrochés aux cordelles de la nacelle et les bagages attachés aux bordages. L'aéronaute monte sur le cercle et détache le tuyau de gonflement ; l'appendice reste ouvert. Cette dernière manœuvre terminée, les aides abandonnent le ballon à lui-même. S'il n'a pas la force de s'enlever, on le débarrasse, d'autant de sacs de sable qu'il est nécessaire, jusqu'à ce qu'on le sente disposé à s'envoler. Lorsqu'il y a des obstacles à franchir, on amène l'aérostat le plus loin possible de ces obstacles et, au commandement de l'aéronaute, on lâche toutes les amarres. Enfin, si le vent est violent, on laisse une certaine rupture d'équilibre en abandonnant un ou plusieurs sacs de lest à terre, ou bien l'aéronaute, tenant le double d'un filin passé par-dessus le cercle et que plusieurs personnes retiennent de terre laisse le ballon s'élever captif jusqu'à ce qu'il ait franchi les obstacles et les écueils s'opposant à une ascension directe. Ces obstacles dépassés, la corde est larguée (voy. fig. 30) et la bulle de gaz prend définitivement son vol vers les régions bleues de l'empyrée.

Telles sont, sommairement décrites, les prin-

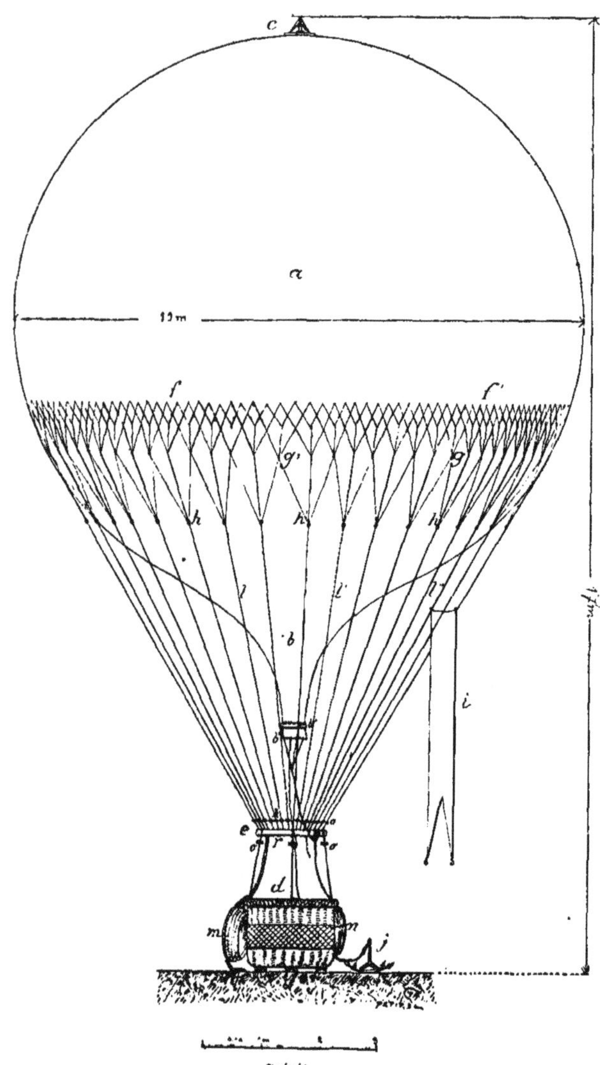

Fig. 31. — Ensemble du gréement d'un aérostat.

Légende : *a*, ballon. — *b*, appendice. — *c*, soupape. — *d*, nacelle. — *e*, cercle. — *f*, filet. — *g*, petites pattes d'oie. — *h*, grandes pattes. — *i*, banderole Loch. — *j*, ancre Yon. — *ll'*, suspentes. — *m*, guide-rope. — *n*, corde d'ancre. — *o*, cabillots. — *r*, corde de soupape.

cipales manœuvres à exécuter pour le gonflement et l'arrimage d'un aérostat ordinaire. Nous y reviendrons en détail dans un chapitre ultérieur, où nous donnerons la théorie complète des manœuvres aéronautiques, à terre et en l'air. Qu'il nous suffise de dire en terminant que tout le monde peut aujourd'hui faire un aéronaute ordinaire, que le premier venu peut construire le matériel entier d'un ballon et le conduire lui-même dans les airs, sans le secours d'aucun praticien, à condition de suivre rigoureusement les prescriptions scientifiques établies par les savants compétents qui nous ont précédé dans la carrière, et de marcher, non par des procédés empiriques, mais bien d'après les notions rationnelles que l'on a pu acquérir depuis cent ans sur le vaste domaine des airs et sur les véhicules qui servent à nous y transporter.

CHAPITRE II

Gonflement des ballons.

Gonflement par l'hydrogène bicarboné ou gaz d'éclairage. — Gonflement par l'appareil à tonneaux. — Appareil Giffard à production continue. — Appareils de Yon, Renard, Egasse, Lachambre. — Production simultanée du gaz hydrogène pur et de l'électricité. — Appareil Giffard par la voie sèche. — Le gaz à l'eau. — Le gaz par l'électrolyse.

Le remplissage d'un ballon par le gaz d'éclairage ordinaire ne demande aucun appareil spécial. Dans ce cas, il suffit de déterrer la conduite en rapport avec le gazomètre de l'usine et la mettre en rapport avec l'appendice du ballon à remplir, au moyen d'un tube adducteur en toile vernissée. Suivant que le gaz est produit par la distillation d'une qualité de houille ou d'une autre et selon que son épuration est plus ou moins parfaite, sa force ascensionnelle est augmentée ou diminuée. En général, l'hydrogène riche en hydrocarbures est excellent pour l'éclairage et mauvais pour le gonflement des ballons. Les gaz d'éclairage qui donnent en brûlant une flamme pâle et peu lumineuse sont les meilleurs pour l'aérostation; car ce sont ceux que l'épuration a allégés de leurs hydrocarbures, et qui donnent par conséquent des forces ascensionnelles supérieures. En somme 1 mètre cube de gaz d'éclairage peut soulever un poids de 500 à 725 grammes.

Le gaz hydrogène pur étant de tous les gaz le plus léger (quatorze fois moins dense que l'air), et donnant, par mètre cube, de 1,000 à 1,200 grammes de force ascensionnelle, c'est celui qui convient le mieux en aérostation, toutes les fois surtout qu'on veut tenter un voyage sérieux et qu'on ne recherche pas l'économie. Il y a plusieurs moyens de l'obtenir, mais tous ces moyens se rapportent en réalité à un seul, la décomposition de l'eau qui contient 1/9 de son poids d'hydrogène. Suivant que l'on emploie l'eau liquide ou la vapeur d'eau, la production de l'hydrogène est dite par *voie humide* ou par *voie sèche*. Nous étudierons les meilleurs dispositifs imaginés dans chaque méthode.

Appareil à tonneaux. — Ce dispositif (fig. 32), le plus rudimentaire, est celui qui fut inventé par Charles en 1783 pour le gonflement du premier ballon à gaz. Il se compose d'une série de tonneaux ordinaires, en bois (de 6 à 80), que l'on remplit de rognures de zinc ou de morceaux de ferraille, et d'eau, jusqu'à la moitié de leur hau-

Fig. 32. — Appareil à tonneaux.

teur. Ensuite, par un trou disposé à cet effet dans la paroi supérieure, on verse de l'acide sulfurique du commerce. L'eau est décomposée, à ce contact, en ses deux éléments constitutifs, hydrogène et oxygène. Le métal s'unit à l'oxygène pour former un sulfate (de fer ou de zinc) et l'hydrogène est mis en liberté. On le lave et on le débarrasse des produits sulfurés qu'il entraîne avec lui, en le faisant barboter dans une cuve plein d'eau, on le sèche sur du chlorure de calcium ou de la ponce sulfurique et on le conduit au ballon par l'intermédiaire d'une conduite. Il faut 3 kilogrammes de fer ou de zinc, 4^{kg},500 d'acide à 66° Baumé et 2 kilogrammes d'eau pour obtenir 1 mètre cube d'hydrogène par ce procédé.

Appareil automobile Égasse. — Inventé par un chimiste parisien, ce dispositif (fig. 33) présente l'avantage de pouvoir être transporté facilement à toute distance. Il se compose de douze bouilleurs, en tôle plombée intérieurement et montés sur un camion ordinaire. Ces bouilleurs sont cylindriques et recouverts d'une calotte en cuivre plombée ; ils sont en communication par leur partie supérieure avec un laveur-épurateur en forme de caisse, et avec une rampe par leur partie inférieure. On les remplit à moitié d'eau et de morceaux de zinc, puis à l'aide d'une pompe à main on amorce des siphons en relation avec les touries contenant l'acide chlorhydrique servant à la réaction. Le gaz produit est recueilli à sa sortie du laveur-épurateur et dirigé vers l'aérostat. Puis, la charge terminée, on ouvre les robinets de la rampe et on recueille le chlorure de zinc, résidu qui, traité par une

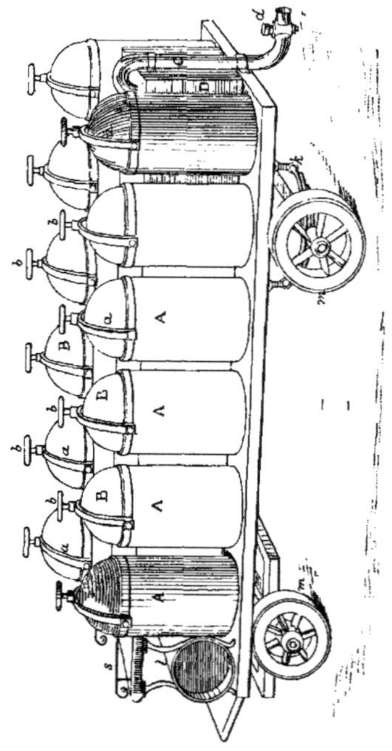

Fig. 33. — Appareil automobile Egasse.

A, A A, réservoirs ou bouilleurs. — *b*, volants pour ouvrir les calottes de fermeture B. — *d*, robinet et tube d'échappement du gaz hydrogène. — *l*, laveur à eau. — *m*, roues du camion. — *k*, ressorts. — *s*, siège du conducteur.

dernière opération, donne un désinfectant d'une grande valeur et d'une grande énergie. La production de l'appareil Égasse est de plus de 100 mètres cubes à l'heure, tant que la charge n'est pas terminée.

Appareil à production continue de Henry Giffard. — En 1878 le célèbre ingénieur installa dans la cour du Carrousel, un appareil à gaz hydrogène pur à production continue, capable de fournir au moins mille mètres cubes à l'heure, débit qui n'avait pas encore été obtenu avec aucun appareil de ce genre. La figure donnant le détail exact de toutes les parties composant ce générateur, nous décrirons pièce par pièce cet ingénieux système.

« La production de l'hydrogène[1] s'opère dans le générateur A, garni intérieurement de feuilles de plomb, et divisé en deux compartiments superposés, par une plaque horizontale percée de petits trous. Dans le générateur on fait arriver de la tournure de fer et de l'acide sulfurique abondamment mélangé d'eau.

« La tournure est fournie, selon les besoins,

[1] *Description de l'appareil à production continue d'hydrogène*, par Henri Giffard. Paris, 1879.

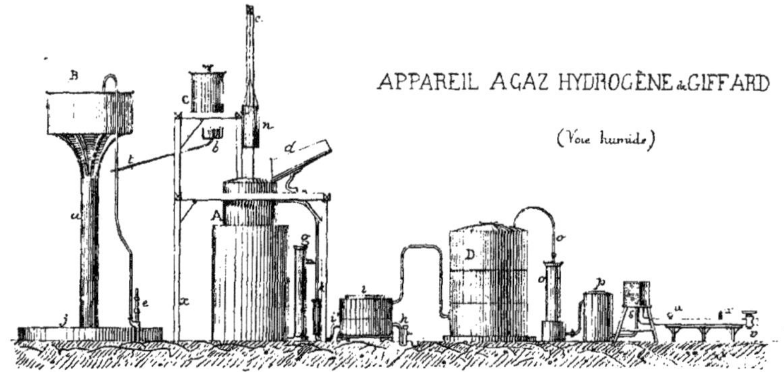

Fig. 31. — Grand appareil du ballon captif de 1878.

par le chariot *d* qu'on peut faire basculer à volonté ; elle se déverse dans le gueulard, d'où elle tombe dans le générateur qu'elle peut remplir depuis la plaque percée de trous jusqu'au sommet. L'acide et l'eau, amenés par le tuyau *t*, arrivent au-dessous de la plaque et, venant de réservoirs placés à une assez grande hauteur, pénètrent avec force, à travers les trous de la plaque, dans la tournure de fer. Aussitôt la réaction s'opère avec une activité d'autant plus grande que, grâce à l'extrême division du fer, les points de contact sont très multipliés. Le sulfate de fer produit par la réaction reste en dissolution dans l'eau en excès et est déversé dans le tube en U, II d'où les conduits *i*, *h* l'amènent dans le réservoir D. Il est à remarquer que, grâce à la position élevée des réservoirs à eau et à acide sulfurique, le liquide tend toujours à s'élever dans le générateur. L'écoulement de l'eau chargée de sulfate de fer se fait d'une manière permanente et la tournure n'est pas exposée à se revêtir d'une croûte de ce sulfate qui empêcherait le contact du fer avec le liquide. Celui-ci, de son côté se renouvelle constamment. Les éléments de la réaction so n donc sans cesse en présence et le dégagement de gaz conserve sensiblement la même intensité pendant toute la durée de l'opération.

« Dans l'ancien procédé, au contraire, qui consistait à réunir l'eau, l'acide et le fer dans des tonneaux, la réaction allait en se ralentissant assez vite par suite des dépôts inévitables de sulfate sur le fer.

« L'hydrogène résultant de la décomposition de l'eau monte à la partie supérieure du générateur; mais un système de fermeture hydraulique *n*, que l'on peut soulever au moyen de la poulie *c* dès qu'il convient d'introduire une nouvelle provision de tournure, l'empêche de s'échapper par l'orifice supérieur et ne lui laisse d'autre issue que le tube *g*. Du générateur l'hydrogène arrive dans le laveur *i*, d'où il passe dans le dessiccateur D, puis dans le réfrigérant *p*, puis enfin sous la cloche en verre *s* qui remplit en quelque sorte l'office de compteur. A la cloche en verre est adapté un tube muni de deux robinets *v* et *v'* ; l'un sert aux prises d'essai, l'autre donne passage au gaz qui débouche dans le tuyau en toile adapté à la base de l'aérostat.

« Le laveur consiste en un réservoir laissant tomber en pluie l'eau qu'il renferme ; cette eau s'écoule ensuite au dehors par le tube en U, H.

Introduit à la base du laveur par une série de petits tubes, le gaz traverse d'abord la colonne d'eau accumulée jusqu'à la hauteur de l'orifice du tuyau *i*, ensuite l'eau qui tombe en pluie du réservoir supérieur ; il est ainsi débarrassé des matières étrangères qu'il peut entraîner.

« Dans le dessiccateur D se trouve de la chaux vive destinée à dépouiller le gaz de la vapeur d'eau dont il est chargé. Un manomètre permet de constater si le dégagement s'effectue régulièrement et sans être obstrué, à travers la chaux.

« Le réfrigérant n'est autre chose qu'un manchon traversé par le tube à gaz et dans lequel passe, de bas en haut, un courant d'eau froide.

« Par l'examen de la figure, on peut se rendre compte de la disposition du petit appareil que nous avons assimilé à une sorte de compteur. Sous la cloche en verre se trouve un tube vertical ouvert à la base et pourvu d'une fente latérale. Un cylindre creux, mais fermé en haut et en bas, se meut très librement dans ce tube, et, par ses montées et ses descentes, dégage plus ou moins la fente latérale. L'hydrogène amené dans le tube ne peut pénétrer sous la cloche qu'à travers la fente. Il soulève donc plus ou moins le cylindre qui obstrue cette fente, suivant qu'il arrive en quantité plus ou moins grande. C'est précisément la longueur de la fente dégagée qui permet d'apprécier la quantité de gaz fabriqué, ainsi que de s'assurer si la fabrication suit une marche régulière.

« Nous avons suivi l'opération dans tous ses détails, sans expliquer comment l'eau et l'acide sont dosés et dirigés vers le générateur après avoir été convenablement mélangés. Il importe cependant de ne pas clore la description de l'appareil de M. Giffard sans mettre en relief la combinaison fort ingénieuse qui a permis de résoudre cette première partie du problème. L'acide sulfurique est élevé, au moyen d'une pompe, du récipient B dans le réservoir C. Celui-ci est pourvu d'un flotteur indiquant le niveau de l'acide et d'un tuyau de dégagement qu'un robinet permet d'ouvrir ou de fermer à volonté. Si le robinet est ouvert, l'acide descend dans le vase *b*, tandis qu'à côté de ce vase s'en trouve un second, d'une capacité plus grande, dans lequel arrive l'eau de la ville. Dans ces vases sont deux flotteurs munis de leviers disposés de telle sorte que lorsque le liquide atteint une certaine hauteur, ces leviers agissent sur deux soupapes qui interceptent l'arrivée de l'eau et de l'acide sulfurique. En outre si l'eau venait à manquer dans le vase *b'*, le levier du flotteur, appuyant sur le levier du flotteur du vase *b*, obligerait celui-ci à fermer la soupape du tuyau qui fournit l'acide. Grâce à cette combinaison, on a la certitude que l'acide cesse d'arriver au générateur dès que le vase *b* n'est plus approvisionné de l'eau nécessaire à la réaction.

« Deux tuyaux font communiquer les vases *b* et *b'* avec les vases *c* et *c'* pourvus, l'un et l'autre, à leur base, d'orifices librement ouverts mais de grandeurs différentes. La section des orifices a été calculée de manière à laisser couler l'eau et l'acide dans des proportions déterminées ; mais pour que ces proportions ne varient pas, il ne suffit pas que la section des deux orifices soit constante, il faut encore que la hauteur de chute soit toujours la même pour les deux liquides. Voici comment cette dernière condition a été remplie : Les deux vases *c* et *c'* sont munis de deux flotteurs et les tuyaux amenant l'acide et l'eau sont fermés par deux robinets.

« Il est facile après quelques tâtonnements de

régler l'ouverture des deux robinets de telle sorte que les deux flotteurs se maintiennent toujours au même niveau. Dès lors le dosage des deux liquides se fait de lui-même : il ne reste plus qu'à les mélanger. Pour cela, deux tubes recourbés amènent l'eau et l'acide dans le cylindre *n* qui aboutit au générateur. C'est dans ce cylindre que s'opère le mélange, grâce à un système de plaques, ou chicanes, qui font tomber les liquides de l'une à l'autre par une série de cascatilles situées alternativement à droite ou à gauche.

« La méthode employée par M. Giffard pour fabriquer l'hydrogène permet d'éliminer le sulfate de fer dès sa naissance et d'éviter les encroûtements du fer. Elle met constamment en contact les éléments de la production de l'hydrogène et donne à cette production une intensité sensiblement uniforme pendant toute la durée de l'opération. »

Le prix de revient du gaz hydrogène, par la méthode de M. Giffard, le sulfate de fer, résidu de l'opération, étant utilisé, n'était pas supérieur à un franc le mètre cube, ce qui n'est pas un prix exagéré, surtout en aérostation.

Depuis 1878, plusieurs autres personnes ont

fait connaître des appareils à gaz hydrogène analogues à celui de Giffard ou basés sur le même principe de circulation du liquide acide. Citons le commandant Renard, MM. Yon et Lachambre, dont nous décrirons les générateurs au chapitre traitant des *ballons captifs*, et M. Gaston Tissandier qui a imaginé un appareil du même genre, comportant quatre colonnes en terre réfractaire contenant de la tournure de fer, alimentées d'acide par de vastes bacs en bois contenant une provision d'acide sulfurique suffisante pour gonfler en peu de temps un ballon ordinaire. Les appareils Yon et Lachambre sont automobiles ; celui de Tissandier est fixe.

Production du gaz hydrogène par la voie sèche. — Lavoisier ayant réussi, en 1771, à décomposer l'eau en ses deux corps constitutifs, hydrogène et oxygène, par le contact du fer rouge avec la vapeur d'eau, les aérostiers militaires utilisèrent dans leurs campagnes ce procédé scientifique, qui avait l'avantage de ne pas exiger d'acide sulfurique, pour la fabrication de l'hydrogène nécessaire au gonflement des aérostats de l'armée du Rhin.

Sous la direction de Coutelle et de Conté, un fourneau fut construit dans Maubeuge assiégée par les Autrichiens en 1793, et en suivant les

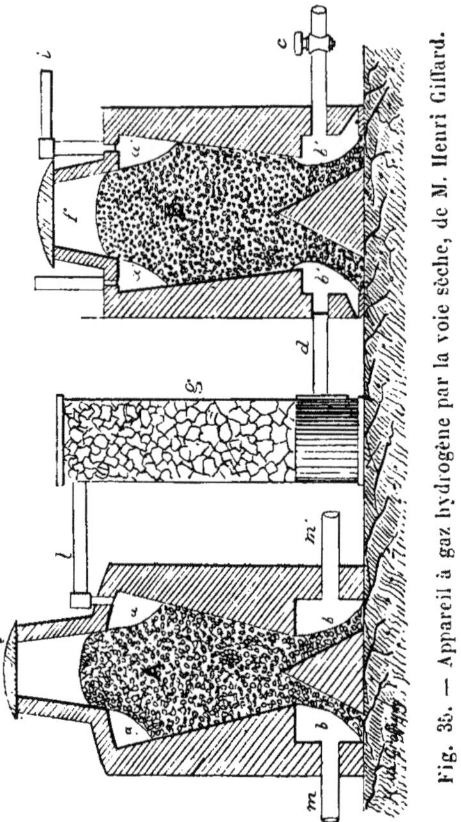

Fig. 35. — Appareil à gaz hydrogène par la voie sèche, de M. Henri Giffard.

indications du célèbre chimiste, on parvint à obtenir une quinzaine de mètres cubes à l'heure et à gonfler ainsi d'une façon très économique le ballon *l'Entreprenant* dont on connaît l'histoire.

Système Henri Giffard. — M. Giffard, reprenant l'étude des principes de l'appareil Coutelle et Conté, imagina en 1865 un générateur de construction nouvelle qui fonctionna avec succès et mérite d'être décrit ici.

C'est un haut fourneau, en briques réfractaires, presque totalement rempli de minerai de fer oligiste. Pour produire de l'hydrogène, on fait arriver à travers ce minerai un courant d'oxyde de carbone produit par la combustion d'une masse de coke dans un four spécial. Le minerai, sous l'influence de l'oxyde de carbone, se transforme en fer métallique. A ce moment, on ferme le tuyau qui amène l'oxyde et on fait passer sur le fer un courant de vapeur d'eau qui se décompose à son contact. L'hydrogène s'échappe par un long tuyau où il se refroidit, tandis que le fer revient à l'état d'oxyde magnétique. On répète alors la première opération et on recommence aussi souvent qu'il est nécessaire ces deux manipulations pour obtenir la quantité de gaz dont on a besoin.

Le gaz à l'eau. Systèmes divers. — En 1850, Selligue produisait le gaz d'éclairage à son usine des Batignolles, en décomposant la vapeur d'eau dans une cornue de charbon de bois. Ce gaz, qui était de l'hydrogène pur, était ensuite carburé, afin de rendre la flamme éclairante. Mais ce système était fort peu économique ; aussi, un chimiste, M. Gillard, essaya-t-il de construire un appareil plus pratique, et il y parvint. Mais le gaz qu'il obtint était très chargé d'oxyde de carbone qui est un poison toxique au plus haut degré, et les fuites pouvaient présenter des dangers mortels. Le système de M. Gillard n'eut donc qu'un succès médiocre.

De nos jours, l'étude du gaz à l'eau et la production de l'hydrogène par la voie sèche, ont été reprises notamment en France par MM. Imbert et Henry, et en Amérique par Demson frères. C'est par le contact de la vapeur d'eau chauffée jusqu'à son point de dissociation, avec du coke incandescent, que M. Imbert et Henry obtiennent l'hydrogène (mélangé d'une petite quantité d'oxyde de carbone) et ils prétendent qu'une tonne de coke rend 3,200 mètres cubes d'hydrogène qu'on peut ensuite carburer pour les besoins de l'éclairage. Ce procédé n'a pas encore été installé aussi grandement en France qu'aux États-Unis, où il existe plusieurs villes éclairées par des

TABLEAU COMPARATIF DES PROCÉDÉS DE FABRICATION DE L'HYDROGÈNE

Extrait de la *Revue aéronautique*, dirigée par M. Henri Hervé.

NATURE DU PROCÉDÉ	POIDS de réactif par mètre cube	PRIX du mètre cube	OBSERVATIONS
	kil.	fr.	
Vapeur d'eau et fer (cornue). .	Combustible non compris 2,200	0,80 à 1,00	Appareils énormes, se détruisant rapidement, d'une manœuvre délicate, dégagement irrégulier et lent.
Id. (creuset). .	5,000	0,40 à 0,50	
Vapeur d'eau et zinc fondu. . .	3,000	1,80 à 2,00	
Eau bouillante, antimoine et zinc.	3,000	3 environ	Dégagement beaucoup trop lent.
Id. zinc cuivré . . .	3,000	1,80 à 2,00	Id.
Tournure de fer et acide sulfur.	8 à 9,000	1,00 à 1,20	*Adopté pour les places.*
Id. et acide chlorh.	12 à 13,000	1,00 à 1,20	Poids trop considérable, vapeurs acides.
Zinc et acide sulfurique	8 à 9,000	2,50 env.	»
Sodium et eau pure	2,300	25,00	Prix trop élevé, projections dangereuses.
Calcium et eau pure.	2,000	»	*Excellent procédé*, actuellement trop cher.
Zinc et salin.	12,000	4,00	Lourd, bon procédé, *employé au Tonkin.*
Aluminium et soude du commerce	5,500	?	Trop cher.
Zinc, chaux et sciure de bois. .	8,000	0,20 à 0,25	Gaz lourd, dégagement lent.
Gazéine.	3,000	5,80	Bon procédé, mais dégagement lent.
Procédé électrique.	0,081 d'eau distillée	0,30 à 0,40	Dégagement excessivement lent.

usines où le gaz est obtenu par une méthode analogue.

Les tableaux ci-contre et ci-dessous donnent tous les renseignements complémentaires qui peuvent être nécessaires dans la connaissance des divers modes de fabrication de l'hydrogène pour les ballons :

	FORCE ascensionnelle	PRIX du mètre cube
Système des tonneaux (Charles et ses successeurs)	1.100 gr.	1,25
Procédé Egasse (acide chlorhydrique et zinc)	850 —	0,80
Système Giffard (tournure de fer et SO^3HO)	1.100 —	0,80
Gaz de l'éclairage à l'usine à gaz de la Villette).	700 —	0,20
Hydrogène pur (Yon, Lachambre, Tissandier, etc.)	1.150 —	1,00
Procédé Giffard par voie sèche. . .	1 kil.	0,35
Système Imbert et Henry (gaz à l'eau).	1 —	0,03

Mais nous ne devons pas passer sous silence un progrès important réalisé depuis peu dans la fabrication du gaz hydrogène à l'usage des aéronautes. Nous voulons parler de l'utilisation du courant électrique qui se produit par l'attaque du zinc ou du fer dans les générateurs et qui avait été négligée jusqu'ici. Le savant directeur du journal *la France Aérienne*, M. le docteur G.-H. Deneuve, a décrit comme suit le système dont il est l'inventeur :

« Pour produire l'électricité, on dispose de deux moyens, les machines magnéto-électriques et les piles, c'est-à-dire, soit une action mécanique, soit une action chimique. Pour les usages de l'industrie, les machines sont seules employées et resteront, sans doute, comme le moyen le plus général.

« Il est cependant des cas où l'action chimique pourrait être avantageusement employée, c'est quand on dispose d'agents chimiques à bas prix et que les sous-produits résultant de l'action chimique permettent de couvrir les frais de matières et de manutention.

« A cette condition, il faut ajouter celle d'un appareil propre à réaliser la continuité et la constance du courant électrique et approprié au développement de puissance que comporte une installation industrielle.

« Ces conditions sont réalisées dans le système qui va être exposé et qui repose sur le simple fait de la réaction sur le fer d'un courant continu d'acide sulfurique.

« La question de produire de puissants courants

électriques par des moyens chimiques a fait l'objet de recherches et d'inventions innombrables : tous les agents concevables ont été mis à contribution, mais si l'on cherche à résumer le résultat de ces recherches, on trouve que le seul agent que l'on puisse employer industriellement est, en définitive, l'acide sulfurique agissant sur un métal facilement oxydable, et que c'est seulement par ce moyen que l'on peut développer la force électro-motrice, à des prix pouvant se comparer à ceux de la génération magnétique de l'électricité. En somme, il faut *brûler* du métal comme on brûle du charbon, avec cette différence que la combinaison d'un métal sous l'influence de l'acide produit de l'électricité, tandis que le charbon produit de la chaleur, qu'il faut utiliser dans un moteur pour produire l'électricité par action mécanique.

« Pour fixer les idées, si on brûle un kilog. de charbon, on développe 7,000 calories pouvant donner 3,010,000 kilogrammètres, théoriquement, d'après l'équivalent mécanique de la chaleur.

« Si on brûle 1 kilog. de fer, on développe une quantité de chaleur qui est en rapport avec la quantité d'oxygène entré en combinaison et qui sera :

$$\frac{7{,}000 \times 75}{350 \times 2} \text{ soit } 750 \text{ calories.}$$

soit environ 10 fois moins que le charbon.

« Mais comme l'action chimique développe la force électro-motrice, immédiatement et directement, que pour produire l'électricité par le charbon, il faut passer par les moteurs à vapeur qui ne rendent que 10 p. 100 du travail théorique, on voit que la production de la force électro-motrice, correspondant par exemple à un cheval exigera le même poids en charbon ou en métal.

« Mais pour brûler le métal et produire la force électro-motrice, il faut l'intervention d'un agent provoquant l'oxydation, soit l'acide sulfurique.

« Par contre, quand on brûle du charbon, il n'en reste rien ; dans l'action chimique, il y a transformation et l'on conçoit, d'après le simple aperçu qui précède, qu'il puisse exister un correctif entre la valeur des produits résultant de l'action chimique et qu'il puisse exister des circonstances dans lesquelles cette valeur peut compenser le prix des matières consommées et faire apparaître un avantage sérieux pour la méthode chimique.

« Les circonstances les plus favorables sont

évidemment la présence d'une fabrique d'acide sulfurique au lieu même où peut partir le courant électrique, et où les sous-produits hydrogène et sulfate de fer peuvent trouver une utilisation. Elles se présentent assez fréquemment dans les centres industriels pour que cette forme de génération de l'électricité puisse recevoir de fréquentes applications.

« Dans ce cas, on peut créer de véritables usines électriques d'une puissance indéfinie et dans lesquelles le prix de revient de l'électricité devienne de beaucoup inférieur à celui de l'électricité produite par les machines.

« Un autre point de vue, c'est l'emploi du générateur à courant continu d'acide sulfurique pour appliquer l'électricité aux divers usages industriels. Nous examinerons successivement ces deux faces de la question, mais il importe tout d'abord de bien poser les bases théoriques.

« La réaction est très simple et est représentée par la formule :

$$SO^3\, nHo + Fe = So^3\, (n - 1)\, Ho + H$$

d'où il suit qu'il faut employer pour 1 kilogramme de fer, 1 kilog. 43 d'acide sulfurique anhydre ou 2 kilog. 86 d'acide sulfurique des chambres à 50 p. 100 d'acide réel, et que ce kilogramme de fer donnera :

« 35 grammes ou 1/2 mètre cube d'hydrogène et 5 kilogrammes de sulfate de fer cristallisé.

« Il devient alors très facile d'établir le compte de fabrication d'une usine de production chimique de l'électricité.

« L'appareil qui sera décrit ci-après permet d'employer le fer sous sa forme la plus économique, la fonte.

« Au point de vue théorique et économique, il résulte que, dans des circonstances assez fréquentes, on peut établir des usines puissantes donnant gratuitement l'électricité et pouvant, par conséquent, offrir au fabricant d'acide sulfurique une source indirecte de bénéfices. Examinons maintenant les moyens de réalisation pratique.

« Le problème était d'obtenir un courant constant, on sait que, dans les circonstances, une pile simple à un acide et un métal donne une action énergique d'abord, mais que cette énergie va en diminuant : on dit que la pile se polarise : ce phénomène tient à diverses causes, dont la principale est la formation de bulles gazeuses qui viennent frapper la surface de l'élément cuivre, en formant une sorte de couche isolante. Aussi, presque toutes les inventions relatives aux piles ont eu pour objet de se débarrasser de l'hydrogène.

« Dans les piles de Grove, de Bunsen, etc., on y arrive en employant l'acide nitrique qui fournit de l'oxygène pour se combiner avec l'hydrogène naissant ; d'autres inventeurs ont eu recours à d'autres agents chimiques, dont la nomenclature serait trop longue.

« Mais on a reconnu qu'une simple action mécanique suffit pour restituer l'énergie à une pile, en faisant dégager l'hydrogène M. Maiche a construit une pile dans laquelle le charbon a la forme d'un cylindre que l'on fait tourner de temps à autre pour évacuer l'hydrogène.

« Dans le nouveau système, la question a été résolue en donnant au liquide acide une circulation assez active pour chaper l'hydrogène et maintenir le cuivre en parfait état de conductibilité.

« On conçoit que, dans cet ordre d'idées, on obtienne la constance du courant; l'écoulement du courant est réglé d'après le temps nécessaire à la saturation de l'acide, de telle sorte qu'à une extrémité de la batterie on introduise la solution acide pour recueillir, à l'autre extrémité une solution de sulfate de fer.

« Tel est le principe : en application la batterie est formée d'une série d'éléments dans lesquels le courant de solution acide chemine alternativement de haut en bas et de bas en haut, à l'aide de chicanes. Les plaques métallurgiques sont hautes et étroites, aussi rapprochées que possible, on peut ainsi obtenir une vitesse de $0^{m},30$ à $0^{m},50$ par seconde qui assure le renouvellement des surfaces et l'entraînement de l'hydrogène.

« Il se produit alors un régime constant, bien que, dans les différents éléments, la production de l'électricité varie d'un point à un autre, allant en décroissant de l'origine à la fin. — C'est donc une question de surface et de nombre d'éléments pour obtenir en quantité et en tension une force élastique aussi grande que l'on veut.

« Ainsi que nous l'avons dit, la force électromotrice produite est en proportion du métal oxydé : si l'oxydation est lente, il faudra plus de surface ; si elle est rapide, on peut réduire la surface.

« C'est pour cette raison que l'on a surtout employé le zinc comme métal à oxyder ; toutefois, l'action de l'acide sulfurique sur le fer n'est guère moins énergique et en donnant aux solutions une température de 60 à 80 degrés, on obtient une action très énergique.

« Le résultat d'essais a montré que l'on peut oxyder 0 kilogr. 700 de fer par heure et par mètre carré de surface.

« Sur cette donnée, on voit que par une installation dans laquelle on voudrait produire une force électro-motrice correspondant à 1,000 chevaux, il faudrait 1,300 mètres carrés de surface oxydant 1,000 kilog. de fer par heure.

« C'est, comme on le voit, une installation industrielle importante, assimilable à une grande usine de produits chimiques quand on veut obtenir une génération d'électricité par ce moyen et de la situation favorable de l'usine pour utiliser l'électricité produite.

« Dans les grandes applications, les circonstances les plus favorables sont évidemment la proximité immédiate d'une fabrique d'acide sulfurique, ou mieux, la combinaison des deux industries.

« Il est un ordre d'idées dans lequel ce mode de génération de l'électricité peut recevoir d'utiles applications, c'est pour la production des forces pour la petite industrie.

« Supposons qu'il s'agisse de produire un courant électrique correspondant à un demi-cheval, on dépensera par heure :

Fer, 1/2 kilog. à.	0 fr. 025
Acide, 1 kilog. 50 à 0 fr. 40.	0 fr. 060
	0 fr. 085

c'est-à-dire environ 0 fr. 17 par cheval et par heure, en supposant les sous-produits perdus.

« Pour les petites forces, lorsque l'acide sulfurique et le fer sont à des prix modérés, l'emploi de la pile à courant continu est donc beaucoup meilleur marché que la machine à vapeur ou la machine à gaz.

« *A fortiori*, l'avantage est-il plus marqué quand on emploie directement le courant électrique pour l'éclairage, la galvanoplastie et divers autres usages industriels.

« En résumé, on voit que le générateur à courant continu répond à deux cas bien distincts :

1° La production dans de puissantes usines bien placées au point de vue de l'acide sulfurique et de l'emploi des courants, et avec utilisation des sous-produits ;

2° La production à domicile de petites forces ou de courants utilisables pour la petite industrie.

A côté des moyens de produire l'électricité par des moteurs, ce nouveau mode peut donc recevoir d'utiles applications. »

Le procédé de M. Deneuve ouvre un horizon nouveau aux aéronautes et il pourrait bien aider à vulgariser les voyages aériens qui, malgré tout, ne demeurent accessibles qu'aux favorisés de la fortune. Avec les sous-produits et le courant électrique, conséquence de la fabrication, le gaz hydrogène tombe à un prix abordable à tous les aéronautes. Il devient même économique, vu sa grande puissance ascensionnelle qui permet, avec un ballon de même cube d'enlever un poids beaucoup plus considérable qu'avec l'hydrogène bicarboné fourni dans les usines à gaz.

Il ne nous reste plus, pour terminer, qu'à dire quelques mots de la fabrication du gaz hydrogène par l'électrolyse. Nous le ferons à l'aide des documents à nous fournis par la *Revue d'Aéronautique* de notre confrère M. Henri Hervé.

« Les deux difficultés que l'on rencontre,

lorsqu'on veut transformer l'expérience de laboratoire que l'on connaît en un procédé industriel, dit M. Hervé, c'est le coût élevé des électrodes de platine et aussi la résistance intérieure des voltamètres, résistance qui abaisse singulièrement le rendement des appareils.

« On pourrait cependant croire, *à priori*, que les électrodes peuvent être facilement constituées par d'autres matières, telles que du charbon de cornue par exemple ; mais, dès que l'on en veut faire une application en grand, on s'aperçoit que les gaz à l'état naissant corrodent rapidement ces électrodes, quelle que soit la substance employée. Le platine seul résiste et ce sont des voltamètres au platine qu'emploie M. Nordenfelt dans la fabrication qu'un des premiers il a organisée en Angleterre. Aussitôt qu'il s'agit de produire des quantités de gaz un peu considérables, on rencontre là une véritable pierre d'achoppement, car les appareils exigent une dépense d'installation à peu près inabordable, dont l'amortissement grèverait lourdement le prix de revient.

« Si l'électrolyse de l'eau n'est pas devenue une véritable industrie et ne s'est pas développée rapidement, c'est là qu'il en faut chercher la raison.

« On peut donc dire que, malgré les applications diverses réalisées à l'étranger, la question était entière quand elle a été reprise à l'établissement de Châlais.

« A la suite des études entreprises, le commandant Renard est parvenu à construire un voltamètre économique dans lequel il n'entre plus de platine. Par des artifices divers, il a, en outre, réduit les résistances intérieures à des *minima* qui permettent d'obtenir un rendement déterminé et avantageux.

« Son appareil est donc, dès à présent, industriel et économique ; il pourrait être substitué à l'ancien procédé à l'acide pour toute la production de l'usine de Châlais, si certaines considérations financières n'avaient empêché d'y installer ce puissant moteur nécessaire pour cette fabrication. »

Un Russe, M. Latchinov a imaginé, paraît-il, tout un système du même genre et, dans une note qu'il a adressée au *Rousskii hivalid*, journal militaire du pays des czars, il dit que la fabrication de l'hydrogène nécessaire au gonflement d'un ballon de 640 mètres cube nécessite un matériel très lourd qui, en comprenant le générateur et les réactifs ne doit pas s'élever à moins de 16,000 kilogrammes. Il faut un train de 36 voitures et 78 chevaux pour traîner le tout et le prix du gaz s'élève à 2,000 francs.

Ces chiffres paraissent bien exagérés, aussi bien ceux du poids de l'appareil que ceux du poids du gaz.

« Le générateur, ajoute M. Hervé, pèse environ 2,000 kilogrammes. En portant à 12 kilogrammes le poids brut des réactifs de gonflement par mètre cube de gaz, on voit qu'il suffirait de traîner 7 à 8,000 kilogrammes, ce qui est déjà un impedimentum suffisamment considérable. Nous sommes loin cependant des 16,000 kilogrammes de M. Latchinov, et ses 36 voitures se réduiraient facilement à 7 ou 8, ce qui devient réalisable.

« Il n'en est pas moins vrai qu'il peut sembler préférable de transporter l'hydrogène tout préparé. C'est ainsi qu'on a opéré, pour la première fois, pendant l'expédition des Anglais en Egypte. Le gaz, comprimé à 120 ou 130 atmosphères, était renfermé dans des cylindres en acier qui peuvent ainsi en contenir chacun jusqu'à 4^{mc}. Le poids du matériel, dit M. Latchinov, est alors réduit à 4 ou 5,000 kilogrammes, ce qui peut être transporté par 10 voitures et 20 chevaux : nous le croyons sans peine.

« Ce mode de transport permet de fabriquer l'hydrogène à loisir dans des installations convenables, avec plus de soin et moins de précipitation que sur le théâtre des opérations militaires. Il permet, en outre, de choisir des procédés de fabrication qui abaissent à 850 francs le prix d'un gonflement, soit 2,5 fois moins cher que par la méthode précédente. C'est sans doute à l'électrolyse qu'il attribue cette diminution de prix, car il propose immédiatement de recourir à ce procédé.

« L'idée de produire des tonnes de cuivre et d'autres métaux par l'électrolyse eût été considérée comme une utopie, il y a quelques années ; pourtant cela est réalisé aujourd'hui. Pourquoi ne pourrait-on pas en faire autant de l'hydrogène ?

« Effectivement, la décomposition de l'eau ne nécessite pas une énergie mécanique supérieure aux forces dont on peut disposer aujourd'hui.

« Le dispositif imaginé par l'inventeur se compose d'une batterie de 132 éléments placés sur 3 rangs et accouplés en tension dans chaque rang.

« On fait passer à travers ces éléments le courant d'une machine dynamo-électrique fournissant par exemple, avec une différence de potentiel de 100 volts, un courant de 600 ampères. Chaque rangée d'éléments reçoit ainsi 200 ampères. Or, la décomposition de l'eau nécessite 1,5 volt ; pour tenir compte de la résistance de l'élément, nous augmenterons, ajoute-t-il, ce chiffre de 67 p. 100 et nous admettrons 2,5 volts par élément. Dans ces conditions, il est facile de calculer que l'on pourra produire 264^{mc} d'hydrogène par jour, soit 640^{mc} en deux jours et demi.

« Il se produira dans le même temps 320^{mc} d'oxygène.

« Chacun des deux gaz, recueilli au moyen de dispositifs spéciaux, passe dans un sécheur, puis dans un réservoir d'où il est conduit dans les cylindres en acier servant au transport du gaz.

« Au lieu de fabriquer le gaz à la pression atmosphérique et de le comprimer ensuite par des moyens mécaniques, M. Latchinov propose d'opérer l'électrolyse en vase clos et résistant, ne communiquant qu'avec les récipients qui doivent recevoir, l'un l'hydrogène, l'autre l'oxygène. Il en résulte que le gaz, à la suite de sa formation même, se comprime directement ; la résistance à la décomposition n'en est pas augmentée du reste et l'on économise ainsi le travail de compression. Une seule précaution est nécessaire ; c'est de maintenir l'égalité de pression entre les deux réservoirs : on y parvient par un dispositif spécial interposé, que M. Latchinov ne décrit pas, mais qui n'est pas très difficile à imaginer.

« Bien entendu, les réservoirs d'acier doivent présenter des volumes proportionnels à ceux des gaz produits dans la décomposition de l'eau : celui de l'oxygène aura une capacité double de l'autre. »

Il y a encore, ainsi que le lecteur peut s'en rendre compte, beaucoup à faire dans cette voie de la fabrication de l'hydrogène par la voie électrolytique. Cependant les chercheurs sont à l'œuvre et il ne faut pas douter qu'ils parviendront à doter avant peu la science aéronautique d'un nouveau progrès qui aura pour effet de la rendre plus pratique et plus accessible à ses nombreux adeptes ou admirateurs.

CHAPITRE III

Théorie des manœuvres aérostatiques.

Matériel. — Gonflement, deux Méthodes. — Equilibrage et arrimage. — En l'air, conduite de l'aérostat. — Ascension de durée ou à grande hauteur de jour et de nuit. — Ascensions maritimes. — Descente. — Atterrissage. — Dégonflement. — Ascensions captives.

Quel que soit le cube du ballon, son matériel complet doit se composer des parties suivantes :

L'enveloppe, en étoffe de soie ou de coton vernissée, son appendice et sa soupape.

Le *filet*, avec ses cordes de rallonge et sa couronne supérieure.

Le *cercle* garni de ses cabillots et *la nacelle.*

Les *engins d'arrêt :* ancre et sa corde, guide-roopes, grappin, cône, ancre ou voile pour les ascensions maritimes.

Les *accessoires :* tuyaux de gonflement en toile vernie, sacs de lest en treillis pour le lest, trousse, instruments scientifiques (baromètre, thermomètre, hygromètre, etc.), cordes, ficelles, ligatures en étoffe, tuyaux en zinc, etc.

Tout ce matériel peut et doit être contenu entièrement dans la nacelle et ne former par suite qu'un colis unique.

L'enveloppe doit être roulée dans une bâche dont les quatre coins sont noués ensemble; le filet peut être enfermé dans un sac de toile, de même les accessoires. Le cercle et les ancres sont placés tout en dessus et solidement liés avec les cordes de suspension de la nacelle.

Nous allons supposer le cas le plus ordinaire : celui du gonflement et de l'ascension d'un ballon de 500 mètres cubes, soit 10 mètres de diamètre. Il est nécessaire de disposer d'une équipe de huit hommes divisée en deux escouades commandées chacune par un caporal. L'aéronaute-instructeur dirige lui-même l'ensemble de la manœuvre.

Arrivé sur le terrain de gonflement, lequel a dû être balayé pour éviter que les cailloux n'éraillent l'étoffe, il est bon de procéder comme suit :

I. — AU BALLON

L'instructeur commande : *Rassemblement;* puis, quand les huit hommes se sont rassemblés sur deux rangs et alignés sans commandement sur les caporaux placés à droite, il commande : *Numérotez-vous.*

Les numéros ayant été pris de la droite vers la gauche, à voix haute, l'instructeur commande : *Par le flanc droit* — DROITE.

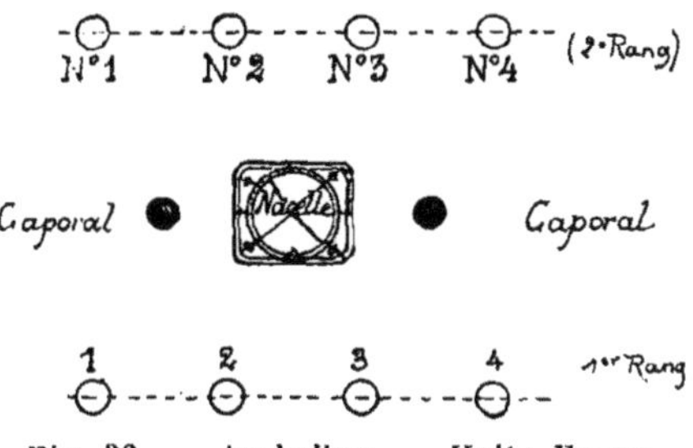

Fig. 36. — Au ballon. — *Halte.* FRONT.

Au commandement *Droite*, tous les hommes font face à droite en décrivant un quart de cercle sur le talon droit. Puis, ainsi placés en colonne de deux, l'instructeur commande : *Au ballon* — MARCHE.

Les hommes se mettent en marche, les caporaux en tête. Ceux-ci obliquent sans commandement, les deux files s'écartent, de manière à passer l'une à droite, l'autre à gauche de la nacelle. Quand les numéros 3 de chaque file arrivent à la hauteur du panier, l'instructeur commande ; HALTE, puis ; FRONT,

Au commandement de *halte*, tous les hommes s'arrêtent. Au commandement de *front*, ils exécutent, le deuxième rang un demi à-gauche, le premier rang un demi à-droite et font tous face à la nacelle. Le caporal de la file de droite quitte sa place et fait face au côté antérieur de la nacelle ; le caporal de la file de gauche se porte en arrière face au côté postérieur comme l'indique le schéma (fig. 36).

II. — EN ÉPERVIER

§ 1. — L'instructeur commande : *Au matériel.* Les numéros 2 et 4 de chaque rang enlèvent les ancres et les posent à terre, en même temps que les numéros 1 et 3 et les caporaux dénouent les cordes et détachent le cercle qu'ils posent à terre à côté de l'ancre et des guides-rope, à trois mètres à droite de la nacelle. Les numéros 2 et 4 enlèvent le sac contenant le filet et celui contenant les accessoires et les portent à gauche à 3 mètres de la nacelle. Les deux caporaux renversent alors la nacelle vers le côté antérieur et les numéros 1 de chaque rang tirent le ballon sur le sol. Les numéros 2 prêtent la main à l'effort, et les quatre hommes portent le ballon au milieu de l'emplacement réservé au gonflement, puis, abandonnant leur fardeau, ils reviennent à leurs rangs autour de la nacelle.

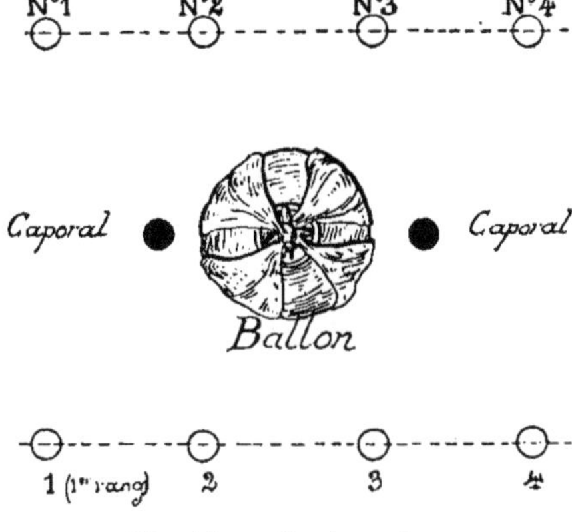

Fig. 37. — En épervier.

§ 2. — L'instructeur commande : *En avant* — Marche. Les deux rangs font l'un à droite, l'autre à gauche sur place pendant que les caporaux se replacent en tête, puis ils se mettent en marche et obliquent en avançant de manière à venir se placer autour du ballon de la même façon qu'ils étaient autour de la nacelle :

§ 3. — L'instructeur commande : *En épervier*. Les numéros 2 de chaque rang et les deux caporaux dénouent les coins de la bâche. Le ballon étant roulé la soupape au centre, les numéros 4 le déroulent, de manière à laisser l'appendice dans la direction du tuyau de prise de gaz. Une fois le ballon étendu et *ouvert* (c'est-à-dire en laissant le même nombre de côtes ou fuseaux de chaque côté), les mêmes numéros 4 aidés des numéros 3, ramènent la soupape sur le ballon et égalisent l'étoffe en cercle sous la direction d'un caporal. La soupape se trouvant au centre et presque au-dessus de l'appendice, le caporal, chaussé d'espadrilles, va garnir les clapets de leur enduit de suif et de farine de lin appelé aussi *cataplasme*. Il s'assure que la corde de commande n'est pas emmêlée et il tend les ressorts de caoutchouc sur le *chevalet* qu'il engage dans ses mortaises.

§ 4. — Pendant que le caporal de droite procède à ce travail, son collègue de gauche engage le tuyau de toile dans l'appendice du ballon et, après avoir introduit un morceau de tube de ferblanc ou de tuyau de poêle dans l'appendice pour maintenir son écartement, il réunit le tout par une ligature solide formée d'une bande de toile ou d'une ficelle de trois ou quatre mètres de long.

§ 5. — Les numéros 1 et 2 de chaque rang se portent ensemble aux accessoires et portent les sacs de treillis près du tas de sable où doit se prendre la provision de lest. A l'aide d'une pelle quelconque, les numéros 2 emplissent les sacs que les numéros 1 maintiennent ouverts.

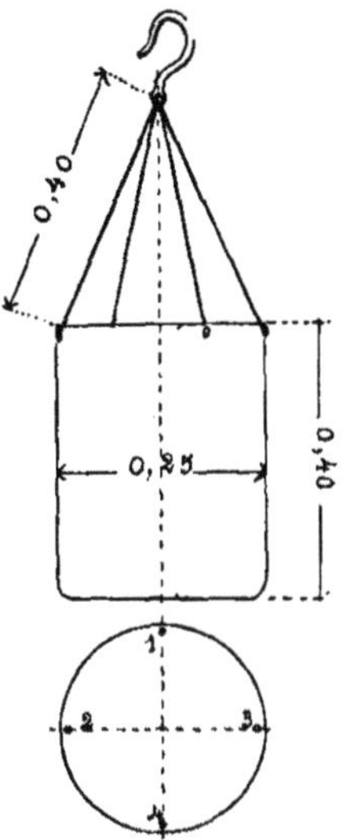

Fig. 38. — Sac de lest.

§ 6. — Les numéros 3 et 4, après avoir égalisé la circonférence de l'étoffe, se portent au filet qu'ils étendent sur toute sa longueur auprès du ballon après avoir retiré les petites ligatures qui le retiennent de loin en loin. Puis ils se placent à côté l'un de l'autre et face au ballon et engagent, celui de gauche son bras droit, celui de droite son bras gauche dans le filet à l'issue des *grandes pattes d'oie*. Ils marchent vers le ballon en ramassant tout le filet sur leur bras. Arrivés à la *couronne*, ils la tiennent à la main puis montent sur l'étoffe étalée et marchent jusqu'à la soupape. Arrivés là ils engagent la couronne autour de la collerette de la soupape et relient le filet à celle-ci à l'aide des courroies à boucles dont la collerette est munie. Ces deux servants égalisent ensuite le filet, en recouvrent l'hémisphère supérieur du ballon jusqu'à la circonférence, puis se retirent en dehors, près de leurs camarades.

§ 7. — Toutes ces manœuvres étant terminées, les sacs à lest remplis de sable et le tuyau de gonflement fixé à l'appendice, les deux caporaux passent une inspection du filet, de la soupape et des accessoires, puis préviennent l'instructeur que *tout est paré*. Celui-ci commande alors *rassemblement*, et les deux escouades vont reprendre au pas de course leur place sur deux rangs, face au ballon et à 20 mètres au moins en arrière, à la place primitivement fixée.

§ II. — EN BALEINE

Dans le gonflement dit *en baleine*, l'instructeur commande *au matériel*, et les élèves aéronautes exécutent les manœuvres indiquées aux paragraphes 1 et 2 du *gonflement en épervier*.

L'instructeur commande : *En baleine*. Les numéros 2 de chaque rang et les deux caporaux dénouent la bâche ; les numéros 4 déroulent le ballon jusqu'à ce que l'appendice se trouve près de la prise de gaz et l'ouvrent comme il est dit au § 3. L'un des caporaux garnit la soupape tandis que l'autre fait le manchon de l'appen-

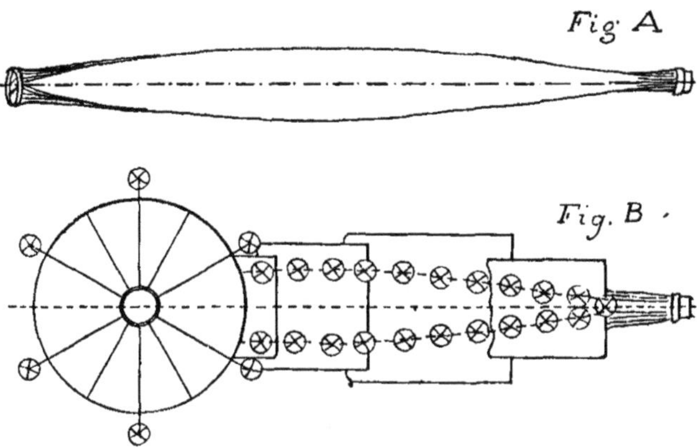

Fig. 39 et 40. — En baleine.
A, ballon déroulé. — B, plan avec la place des sacs de lest.

dice et y joint le tuyau de gonflement (voy. § 4).

Les numéros 1 et 2 de chaque rang remplissent les sacs de lest.

Les numéros 3 et 4 étendent le filet en rond et l'attachent à la soupape comme il est dit au § 6.

La manœuvre se termine comme il est indiqué au § 7.

III. — EN GONFLEMENT

L'instructeur commande : *A vos postes*, MARCHE ! Les deux escouades font par le flanc droit, se

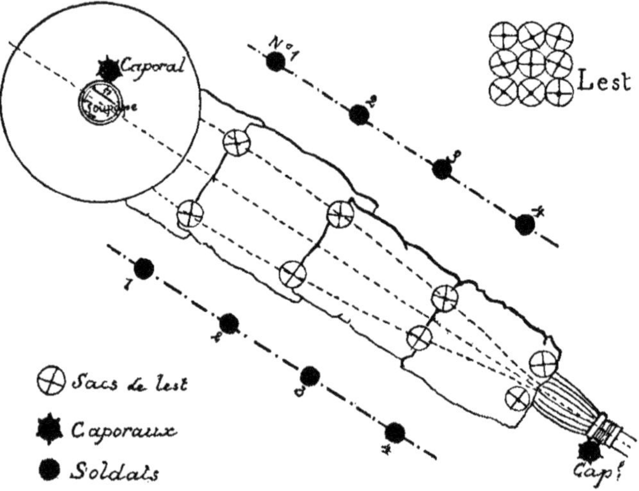

Fig. 41. — En gonflement.
Disposition des manœuvriers et du lest.

mettent en mouvement et obliquant de manière à arriver auprès du ballon face en tête. Là, les deux files s'écartent l'une de l'autre, la file de droite prend à droite du ballon, la file de gauche à gauche et font le tour jusqu'à ce que les deux caporaux arrivent à trois mètres l'un à l'autre. L'instructeur commande alors : *Halte*, FRONT !

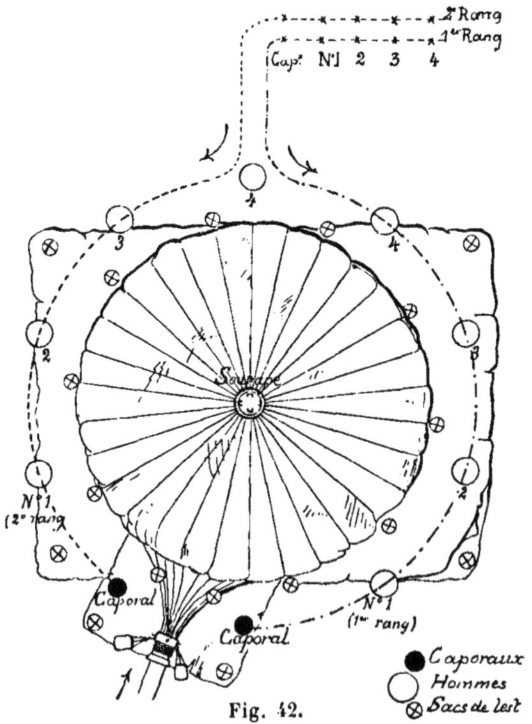

Fig. 42.

En gonflement. Marche des deux escouades et place de chaque homme autour du ballon.

Au commandement de *halte*, tous les élèves s'arrêtent ; à celui de *front*, ils font tous face au ballon et s'espacent autour de lui.

L'instructeur commande AU LEST! Les numéros 4 de chaque escouade se détachent de leur place et vont chercher des sacs qu'ils apportent, deux par deux, chacun aux hommes de leur rang, en donnant quatre sacs à leur caporal, deux sacs au n° 1, deux au n° 2 et deux au n° 3; ils en conservent enfin deux pour eux.

L'instructeur commande : ACCROCHEZ, quand tout le lest a été apporté et distribué (24 sacs). Tous les élèves se baissent et passent le crochet dont est muni chaque sac dans les mailles du filet touchant le bord extérieur de l'étoffe.

Les caporaux placent les deux sacs qu'ils ont en plus sur l'appendice pour l'empêcher de se soulever sous la pression du gaz. L'instructeur peut alors commander : *En gonflement!* — OUVREZ LES VANNES, pour indiquer aux gaziers que tout est prêt et que l'on peut donner passage au gaz qui doit gonfler l'aérostat.

§ 1. — Dans le gonflement en baleine, on doit laisser la calotte supérieure du ballon libre et mettre des sacs, depuis l'appendice jusqu'à la calotte, en les posant sur les bords superposés des fuseaux.

Lorsqu'il y a assez de gaz dans le ballon pour supporter la soupape et soulever les sacs, l'instructeur commande : *Descendez les sacs d'une maille* (ou *d'une demi-maille*). Elèves et caporaux appuient la main gauche dans le creux de la maille et enlèvent de la main droite le crochet du sac qu'ils replacent une maille ou une demi-maille plus bas et toujours *le bec du crochet en dehors* pour éviter d'érailler l'étoffe.

L'instructeur égalise la hauteur des sacs de manière à répartir la tension du filet sur toute l'enveloppe, puis il commande : REPOS ! Les élèves abandonnent leurs postes et les caporaux demeurent seuls pour veiller, pendant toute la durée du gonflement, à la tension des sacs sur le filet. Ils les descendent au fur et à mesure que, le ballon se gonflant davantage, les soulève du sol. Quand le ballon est gonflé à moitié on ajoute ce qui reste de sacs de lest non employés (ordinairement huit, ce qui fait un total de 32 sacs, ou 640 kilogrammes).

IV. — ARRIMAGE

Quand les caporaux en descendant les sacs graduellement en sont arrivés aux *petites pattes d'oie*, l'instructeur commande : *A vos postes !* et tous les élèvent accourent au pas de course reprendre leurs places autour du ballon.

Les numéros 4 se détachent de leur place sans commandement et vont chercher la nacelle et le cercle. Ils attachent les huit cordes de la nacelle aux gros cabillots du cercle et, passant sous le

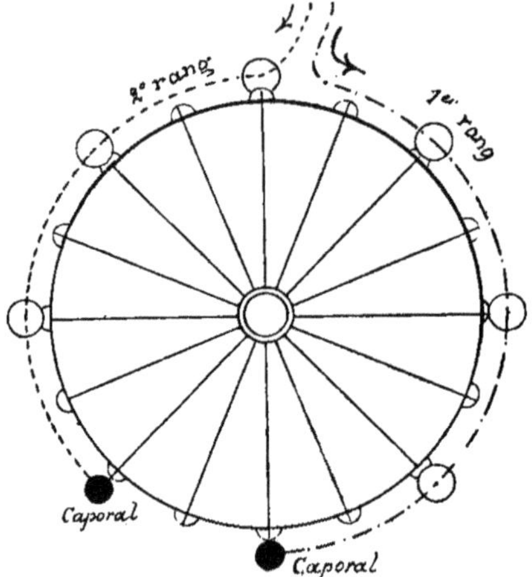

Fig. 43. — A vos postes.

filet, ils amènent le tout contre l'appendice au-dessus du ballon puis vont reprendre leurs postes.

Les caporaux quittent leurs places, entrent sous le ballon et cabillottent toutes les cordes de rallonge du filet en engageant les boucles terminant ces cordes dans les olives en bois du cercle. Un des caporaux est exclusivement occupé à trier les cordes et à les passer à son camarade qui les fixe au cercle. L'opération terminée, les deux caporaux se retirent à leurs postes.

Le ballon étant arrivé à un point de remplissage suffisent, l'instructeur commande : *Les sacs sur les grandes pattes.*

Suivant toujours la méthode indiquée précédemment, les élèves décrochent les sacs et les descendent sur la réunion des cordes du filet qui forment la *patte d'oie* et se branchent sur la corde de suspension allant au cercle. Au commandement : *Sur les cordes!* ils placent, de deux cordes en deux cordes, deux sacs avec leurs crochets à cheval, en face l'un de l'autre et tiennent une corde de chaque main, en avant des sacs.

L'instructeur commande : LAISSEZ FILER.

Les élèves abandonnent les cordes et laissent glisser les sacs sur les cordes en les suivant. Quand ces sacs touchent la nacelle, un caporal monte dans celle-ci et les élèves détachant les sacs, les lui passent, et le caporal les empile dans la nacelle. Avec quinze sacs il y a assez ; les autres sacs sont rejetés en arrière.

L'instructeur commande : *Tout le monde à la nacelle.* ARRIMEZ !

Le premier caporal monte debout sur le cercle et détache la ligature qui retient le tuyau amenant le gaz. Le robinet de prise est fermé et le tuyau de toile rejeté sur le sol. Le caporal ouvre l'appendice et s'empare de la corde de la soupape restée dans le ballon. Il la roule autour d'un cabillot du cercle ou la met dans un sac vide accroché au même cercle, puis il redescend dans la nacelle, tend la corde de l'appendice et la fixe au cercle par deux *demi-clefs*.

Pendant ce temps les numéros 1 de chaque rang vont chercher la corde d'ancre et l'apportent. Les deux caporaux l'amarrent au cercle par deux nœuds, tandis que les même n°s 1 attachent l'ancre à l'autre extrémité de la corde pas un nœud dit *d'ancre* (nœud spécial).

Les numéros 2 de chaque rang vont vider et ranger les sacs de lest ; ils remettent également en place les tuyaux qu'ils roulent soigneusement.

Les numéros 3 et 4 apportent tout le bagage du voyage et les instruments scientifiques nécessaires dans une ascension. Ils l'arriment en place.

Toutes ces manœuvres sont exécutées simultanément et ne doivent demander que peu de temps. Il ne reste plus qu'à procéder à l'équilibrage et au départ.

V. — ÉQUILIBRAGE ET DÉPART

L'ancre mise en veille sur le rebord de la nacelle, le guide-rope roulé, les instruments scientifiques accrochés aux cordelles, et tout paré, l'instructeur monte dans la nacelle et *pèse* la force ascensionnelle.

Un ballon de 500 mètres gonflé de gaz d'éclairage devant enlever deux personnes, l'aéronaute-instructeur commence par rejeter de la nacelle huit sacs de sable pour les quinze qui s'y trouvent Le caporal sort du panier et cède sa place au passager désigné.

L'instructeur enlève encore des sacs jusqu'à ce qu'il sente que le ballon tend à quitter le sol. Il commande alors : *A vos postes!*

A ce commandement les huit élèves s'espacent autour de la nacelle. Les deux caporaux face aux petits côtés du panier.

Si l'aéronaute instructeur veut faire transporter le ballon à bras dans un lieu dégagé et éloigné de tout obstacle, il enroule cinq ou six fois autour d'un cordage de la nacelle une cordelle libre dont les deux caporaux prennent l'extré-

Fig. 44. — L'ascension. Lâcher des pigeons.

mité. Il désigne le lieu où il veut être transporté

et commande : *En avant* (ou *en arrière*, ou *à droite*, ou *à gauche*). MARCHE !

Les élèves tenant deux par deux les cabillots du fond de la nacelle et les caporaux tirant sur le cordage serré par l'aéronaute, remorquent le ballon jusqu'au lieu indiqué. Au commandement de HALTE ! tous s'arrêtent.

L'aéronaute termine son pesage et quand il est certain que le ballon a juste la force ascensionnelle qu'il est nécessaire de lui donner, il abandonne toutes ses attaches et, un sac de lest à la main, il donne le signal du départ :

LACHEZ TOUT !

Elèves et caporaux abandonnent les bords de la nacelle et se rassemblent sur deux rangs en même temps que le ballon s'élève.

VI. — EN L'AIR

Supposons maintenant que l'instructeur que nous venons de voir s'élever, exécute sa première ascension. Qu'aura-t-il à faire une fois en l'air ?

Nous allons le lui dire et réunir ici quelques conseils qui pourront être profitables à tous les débutants.

En premier lieu, l'aéronaute doit ranger son lest à sa portée dans le fond de la nacelle, amarrer la corde de la soupape à un cabillot du cercle et accrocher ses instruments indicateurs au cercle. L'aéronaute, une fois en l'air doit avoir pour idéal de maintenir une route d'une horizon-

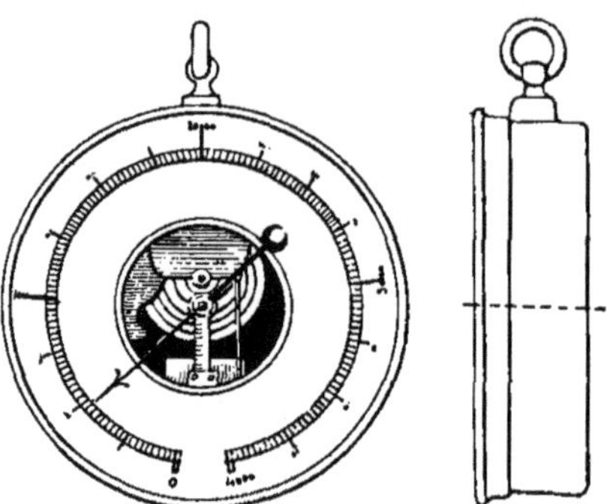

Fig. 45. — Baromètre anéroïde.

talité parfaite, surtout s'il veut se soutenir quelque temps dans les airs. Pour cela, il faut qu'il ait constamment l'œil au baromètre, au thermomètre et à l'hygromètre, évitant autant que possible les condensations et les dilatations qui vident en peu de temps un ballon de son gaz. Le lest doit être employé avec la plus rigoureuse parcimonie.

Instruments. — Les instruments indispensables à tout aéronaute sérieux, sont les suivants :

1° Un bon *baromètre anéroïde* gradué en hauteurs et dont la marche a été étudiée et vérifiée à terre ;

2° Un *baromètre enregistreur* de Richard ou de Redier, dont le mouvement est mis en action

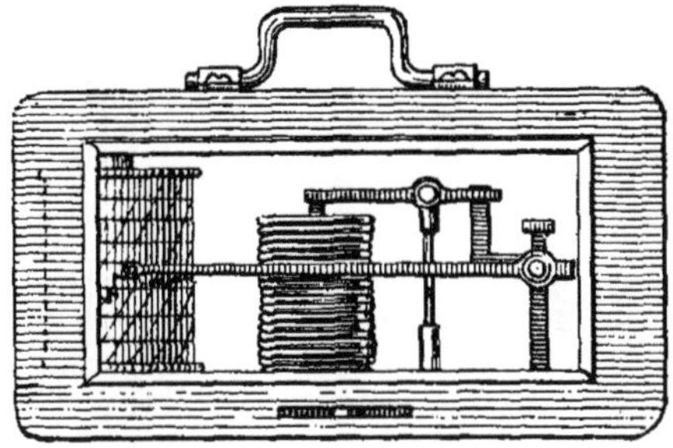

Fig. 46. — Baromètre enregistreur.

quelques instants avant le départ. Cet appareil donne le diagramme exact de la course verticale de l'aérostat ;

3° Un *thermomètre centigrade à mercure*, et au besoin deux autres à minima et à maxima et un thermomètre-fronde ;

4° Un *hygromètre* pour vérifier le degré d'humidité de l'air. Le plus simple est le modèle *à cheveu* dû à Saussure ;

5° Un *psychromètre* qui a l'avantage de donner des indications absolument sûres;

6° Un *électroscope à feuilles d'or* pour révéler

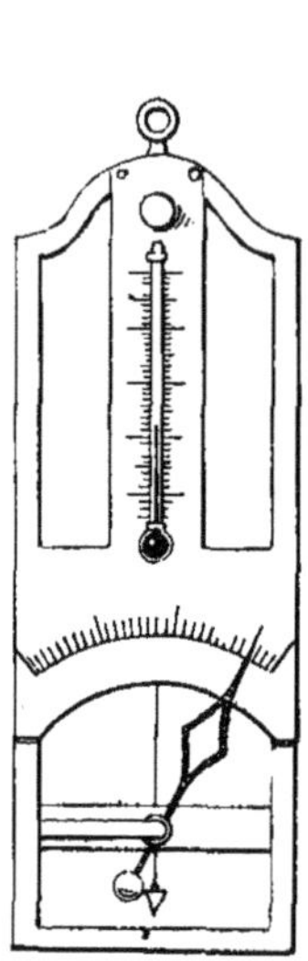

Fig. 47. — Hygromètre.

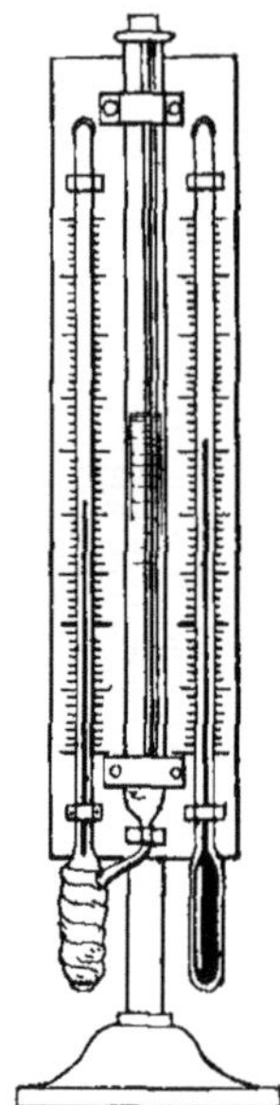

Fig. 48. — Psychromètre.

la tension électrique des régions atmosphériques parcourues.

7° Enfin une *boussole* avec des cartes au 80,000e des pays traversés et une bonne *jumelle marine*.

Tel doit être l'équipement scientifique d'un

vrai aéronaute, lequel doit être parfaitement au courant de la marche de tous ces instruments qu'il aura réglés lui-même.

Lest. — Un bon aérostier ne doit jamais toucher à la corde de la soupape tant qu'il est en l'air, à moins de nécessité absolue, et il ne doit

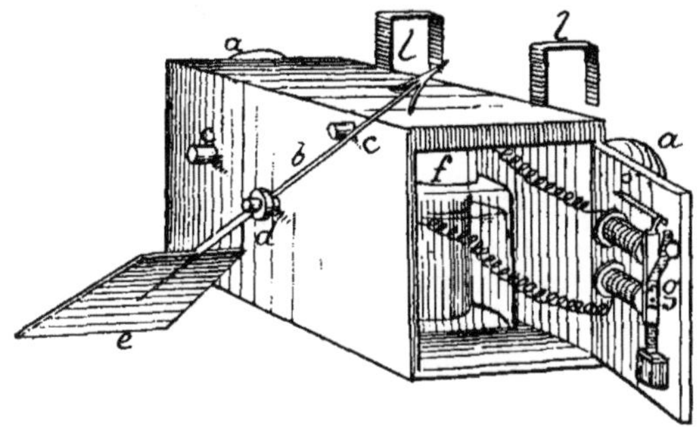

Fig. 49. — Avertisseur électrique.

disséminer son lest qu'avec la plus extrême parcimonie, de matière à maintenir une route aussi horizontale que possible. Il est averti des mouvements verticaux du ballon par la manière dont se comportent les objets légers, feuilles de papier à cigarettes, etc., jetés de la nacelle, et l'agitation des banderoles et drapeaux. Enfin, le baromètre lui indique les dénivellations et il peut être muni de l'avertisseur de Godard ou de Vernanchet que notre gravure représente (fig. 49).

Le principe de cet appareil est le suivant : Une flèche munie d'une large palette à l'arrière est supportée en équilibre par un pivot central. Sa course est limitée par de petits arrêts métal-

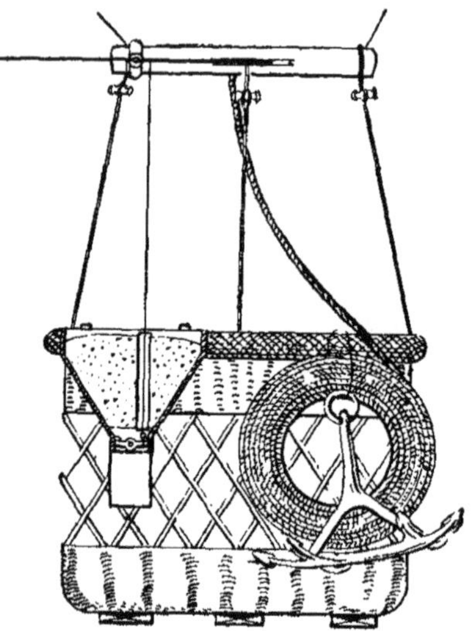

Fig. 50. — Vide-lest automatique.

liques qui forment contacts électriques. La boîte sur laquelle la flèche est fixée, contient une pile et deux sonneries avec deux timbres différents. Quand le ballon monte, la pointe de la flèche se relève et la sonnerie grave tinte ; quand l'aérostat descend, le mouvement inverse se produit et une sonnerie aiguë retentit. L'idée de cet appareil est assez ancienne : elle remonte à Zambeccari. La flèche électrique peut rendre certains services, surtout la nuit, mais elle a le grave inconvénient de ne pas indiquer l'amplitude et la rapidité du déplacement vertical effectué.

Ordinairement, les aéronautes jettent le sable par poignées, cependant il existe plusieurs modèles de *vide-lest automatiques*. Nous avons même expérimenté l'un d'eux dans une ascension. Dans ce système (fig. 50), dû à M. Griffon, le sable servant de lest était placé dans une trémie munie d'un clapet à sa partie inférieure. Ce clapet était commandé par une tige reliée à la flèche indicatrice dont nous venons de parler. Quand le ballon descendait, par le jeu de la flèche, le clapet s'ouvrait et le sable s'échappait. Aussitôt la descente enrayée, le clapet se refermait par l'effet d'un fort caoutchouc. Cet appareil avait l'inconvénient d'être un peu fragile et de n'agir que trop efficacement, ce qui était un défaut assez sensible dans la pratique.

Revenons à la manœuvre des ballons. Aucun incident ne doit échapper à l'œil sagace de l'aéronaute vigilant; d'ailleurs il doit avoir sans cesse présent à l'esprit l'idée du danger qu'il court en cas de fausse manœuvre, et la pensée qu'il peut faire, au cours de son excursion aérienne, des observations curieuses et utiles à la science. Il doit donc inscrire à intervalles réguliers, sur son livre de bord, les lectures des instruments et les phénomènes dont il peut être témoin : formation de la neige, de la glace, du givre, de la grêle, auréoles, halos et arcs-en-ciel, nuages de diverses formes, étoiles filantes, bolides, phénomènes électriques, optiques, aqueux, gazeux, etc., etc. Il y a beaucoup à étudier dans le ciel même pour l'aéronaute qui n'a en vue que l'agrément d'un voyage aérien et nullement un but scientifique.

Les précautions à prendre lorsqu'on veut atteindre de grandes altitudes sont encore plus nombreuses ; il faut éviter avant tout l'ascension trop rapide qui cause des bourdonnements d'oreilles, des émissions de sang par le nez et les oreilles, et enfin l'asphyxie qui peut se produire, soit par le gaz du ballon quand il contient une forte proportion d'hydrocarbures et d'oxyde de carbone, et que la dilatation le chasse jusque dans la nacelle, soit par l'exploration des régions où l'air raréfié ne suffit plus au jeu des poumons et ne contient plus une quantité suffisante d'oxygène, ce gaz vital par excellence, et qui seul, peut entretenir la combustion pulmonaire.

Il a été proposé beaucoup de moyens pour doter les ballons de la possibilité de se mouvoir dans le sens vertical sans dépense de lest ni de gaz. Nous allons résumer ces moyens :

1° *Chauffage*. — On peut provoquer un mouvement ascensionnel en élevant la température du gaz et en le dilatant. C'était le projet de Pilâtre de Rozier qui avait associé comme on le sait, la montgolfière à l'aérostat à gaz dans la fatale ascension de Boulogne. Ce procédé a été perfectionné, notamment par M. Bouvet ingénieur de grand mérite et il pourrait donner de bons résultats.

M. Bouvet avait imaginé une lampe Davy, s'allumant et s'éteignant à l'aide de l'électricité et placée dans un cylindre de cuivre suspendu au centre d'un ballon. On pouvait obtenir sans danger, par ce système, le réchauffement du gaz et par suite une certaine force ascensionnelle, remplaçant le jet du lest ordinaire. Malheureusement ce projet n'a pu être mis à exécution par suite de la mort subite de l'inventeur.

2° *Mécanique*. — Plusieurs aéronautes ont eu l'idée de créer une force ascensionnelle factice en adaptant au ballon (ordinairement au croisillon du cercle), une hélice tournant horizontalement. Un certain nombre d'expériences exécutées en France et en Angleterre ont donné de bons résultats, cependant ce procédé ne s'est pas généralisé probablement parce que l'on n'a pas pu se procurer un moteur assez léger et assez énergique pour faire tourner l'hélice et remplacer le travail musculaire de l'aéronaute. Dans leur traversée de laManche, de Cherbourg à Londres, Lhoste et Mangot avaient muni leur nacelle d'une semblable hélice qui leur rendit, paraît-il, des services réels.

3° *Parachutes-lest.* — Cette idée est due au mécanicien Jobert et elle a été reprise à un certain moment par M. Capazza.

Elle consiste à suspendre à un parachute équilibrant son poids un sac de lest ordinaire. Lorsqu'on a un obstacle à passer ou une condensation à enrayer, on lâche le parachute et le sac ; le ballon est délesté et monte rapidement. Le parachute est rattaché à l'aérostat par une longue cordelle qui se déroule tant que le ballon monte. Quand elle s'est entièrement déroulée, le parachute pèse de nouveau et le ballon redescend. Nous avons expérimenté ce système avec Capazza et son aide et nous l'avons trouvé fort peu pratique. Ce n'est pas tout, en effet,

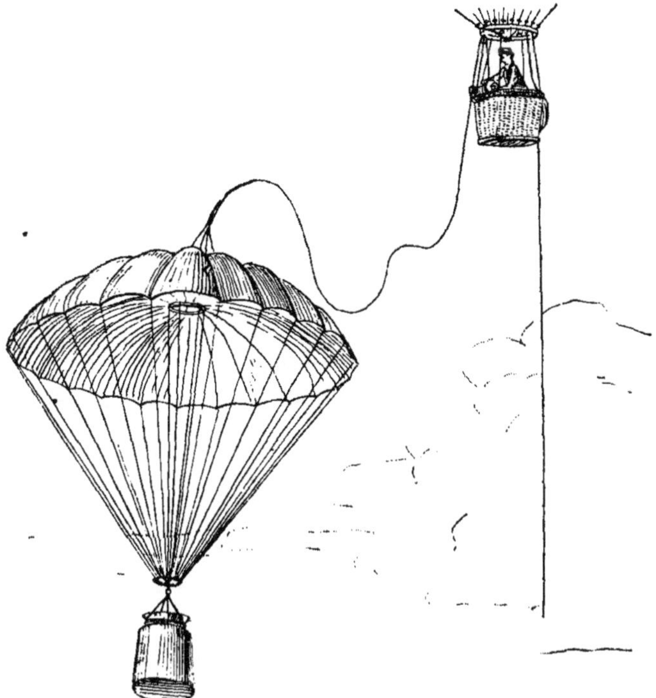

Fig. 51. — Parachute-lest Capazza.

que de laisser descendre les parachutes-lest : il faut les remonter de 2 ou 300 mètres et une petite machine à vapeur ne serait pas inutile à ce moment pour venir en aide aux aéronautes.

Quoi qu'il en soit, le meilleur moyen, à notre avis, est l'hélice, actionnée par un petit moteur électrique à piles. Nous avons essayé un semblable dispositif dans une ascension et avons obtenu des résultats satisfaisants, de même que le major Béaumont, inventeur du système.

Confort de la nacelle. — Une nacelle bien comprise doit posséder deux bancs recouvrant les soutes, ou tout au moins deux planches se relevant au moment de l'atterrissage. C'est surtout dans les voyages au long cours que l'on constate l'utilité de ces soutes où l'on peut emmagasiner tout ce qui peut être utile pendant une ascension de durée ; elles sont moins indispensables quand il s'agit d'aérostats de faible cube exécutant des parcours de quelques heures seulement.

Lorsqu'on fait des ascensions en hiver ou dans un pays froid, il est bon de se munir de *chaufferettes* pour éviter la congélation des extrémités aux grandes altitudes. Ces chaufferettes peuvent être de simples boules d'eau bouillante, ou mieux des chaufferettes à acétate de soude qui fournissent une bonne chaleur pendant plusieurs heures consécutives.

Eclairage. — Pour lire les indications des instruments pendant les voyages de nuit, on se

Fig. 52. — Lampe portative universelle.

servait d'une lampe Davy ou d'un tube contenant des vers luisants, mais avec les progrès de l'électricité on peut avoir une lumière plus intense et qui rendra d'efficaces services.

Ainsi on peut avoir dans une boîte un élément au bichromate actionnant une bobine de Ruhmkorff. Quand on établit le courant, en faisant descendre le zinc dans le liquide actif, ce courant illumine d'une belle lueur violette un *tube de Geissler* disposé sur un côté de la boîte. L'ensemble de l'appareil ne pèse qu'un kilogramme au plus, et la lumière, qui peut se maintenir plusieurs heures, est suffisante pour permettre de bien apercevoir les plus petites divisions des instruments.

Mais l'appareil de lumière électrique le plus parfait et le plus pratique pour les ascensions nocturnes est encore la *lampe portative universelle* de l'électricien Gustave Trouvé, et que représente notre figure 52. Cette lampe est solide, la lumière renforcée par un réflecteur, égale celle de plusieurs bougies allumées ensemble, et elle peut se maintenir sans faiblir pendant deux heures, malgré la faible capacité de la pile. Nous le répétons, c'est le meilleur système d'éclairage des nacelles aérostatiques.

VII. — DESCENTE ET ATTERRISSAGE

Après que le ballon a atteint sa zone d'équilibre, il tend continuellement à descendre et le plus grand soin de l'aéronaute consiste à rendre cette descente régulière et à empêcher qu'elle ne s'accélère dans une proportion dangereuse. A l'aide de projections successives d'un lest bien mesuré, le ballon revient par degrés dans les basses régions de l'atmosphère. Quand la provision de sable tire à sa fin, il est nécessaire d'atterrir. Les précautions à prendre sont alors les suivantes :

Les instruments scientifiques fragiles sont rangés dans un panier plein de paille ou de coton attaché au cercle. La ficelle, retenant roulée la corde d'ancre, est coupée ainsi que celle du guide-rope, et ces deux cordages filés au dehors, l'ancre demeurant accrochée sur le bord de la nacelle. Puis une main sur la corde de la soupape, l'autre sur un sac de lest appuyé sur le bordage de la nacelle, l'aéronaute choisit son point d'atterrissage sur le terrain qui s'étend sous ses yeux.

Lorsque le vent est inférieur à 6 mètres par

seconde, le moindre emplacement vide suffit : une cour, un jardin, une place, une rue. Quand la vitesse du courant varie entre 6 et 15 mètres dans le même temps, on peut descendre en plaine. Par des ouragans filant au-dessus de 60 kilomètres à l'heure, il est de toute nécessité de s'arrêter en plein bois, et même de choisir une forêt pour l'atterrissage.

A cinquante mètres du sol, au moment où le guide-rope touche, l'aéronaute lance son ancre ou son grappin, en même temps qu'il ouvre violemment la soupape et se suspend d'une main au cercle. Si la manœuvre est bien exécutée, le choc à terre est très doux, le poids de l'ancre et des cordes délestant beaucoup l'aérostat et amortissant la secousse de la nacelle rencontrant le sol.

Les efforts de l'aéronaute doivent tendre à obtenir l'arrêt immédiat du ballon et à éviter le *traînage*, résultant du jeu défectueux ou de la fausse manœuvre des engins d'arrêt. Si on ne parvient pas à s'ancrer de suite, il faut attendre l'arrêt définitif pour ouvrir de nouveau la soupape et jeter même un peu de lest pour éviter le contact de la nacelle contre le sol, qui amène souvent des accidents assez graves. C'est par de semblables catastrophes que se sont terminés les voyages du *Géant* (1863), de *la Ville de Roubaix* (1880), du *Gabriel* (1880), du *Mozart*, du *Gabizos*, etc., etc., pour ne citer que les voyages modernes encore présents à l'esprit de tous. Mais presque toujours ces accidents sont survenus par la faute des aéronautes, n'ayant pas de lest à leur disposition et tombant en pleines rafales, ou bien brisant leurs engins d'arrêt, ou perdant la corde de la soupape au moment critique, ou descendant la nuit malgré les bourrasques. Pour nous personnellement, nous prétendons que les traînages sont des accidents incompatibles avec les ascensions sérieuses et qu'il est impossible de voir se produire quand on a du sang-froid et qu'on se trouve dans les conditions de sécurité où tous les ballons devraient partir, avec des engins d'arrêt bien combinés, d'une résistance calculée, et avec le lest suffisant.

Une fois l'aérostat ancré, on peut ouvrir en grand la soupape et commencer à le dégonfler en attendant l'aide des paysans qui ne manquent jamais d'arriver en semblable cas. Quand plusieurs personnes sont survenues, on peut coucher le ballon sur le côté, enlever le chevalet de la soupape et laisser des clapets béants jusqu'à ce que tout le gaz se soit échappé. Une fois le dégonflement achevé, on replie le ballon, fuseau par fuseau, on le roule, la soupape en dedans, et on le met dans la nacelle enveloppé dans une bâche.

Quelques aéronautes ont une autre méthode pour dégonfler. Duruof repliait l'enveloppe très rapidement en la vidant de son gaz presque debout, puis couchait horizontalement le ballon et le reployait côte par côte, en même temps qu'il finissait de le vider.

Quoi qu'en disent certaines personnes désireuses de remballer au plus vite leur matériel et de se sauver au chemin de fer, il est préférable d'enlever le filet de dessus le ballon. On l'attache de loin en loin avec de petites ligatures et on le roule dans la nacelle par-dessus la bâche qui contient l'aérostat (car celui-ci doit être mis dans une bâche), son transport en est facilité et l'étoffe ne s'éraille pas contre les parois du panier.

La nacelle qui contient tout le matériel est fermée par le cercle maintenu en place par les cordes de suspension liées étroitement les unes aux autres. Ainsi emballé, le colis ne craint plus aucun accident ; il est fort maniable et peut être très facilement transporté et transbordé d'un lieu à un autre, d'une charrette à un wagon.

De retour à son local, le ballon doit être immédiatement déballé, déroulé, étendu et vérifié. Les accrocs sont réparés par de simples coutures que l'on double d'une bande vernie ; les trous et les éventrements arrangés à l'aide de grandes pièces que l'on vernisse. Enfin, les réparations terminées, on remplit le ballon d'air atmosphérique pour le ventiler, on le replie, et il est prêt pour une nouvelle ascension.

Un bon ballon, bien construit et gréé, avec des engins d'arrêt d'une solidité en rapport avec sa taille, peut accomplir, s'il est intelligemment dirigé, une moyenne de cinquante ascensions. Il faut le revernir de temps à autre, tous les cinq voyages à peu près, et maintenir tout le matériel en bon état. De cette façon il fera tout le service dont il est susceptible. On cite même des ballons qui ont fait plus de cent ascensions sans être endommagés ; tel fut le ballon de 2,500 mètres cubes de Green, *le Nassau.*

VIII. — MANŒUVRES CAPTIVES ET DE DÉGONFLEMENT

Tout ce que nous venons de dire peut s'appliquer aux manœuvres d'un ballon de cube ordinaire. Le nombre des servants ou élèves peut varier suivant que les jeunes gens de bonne volonté sont plus ou moins nombreux et que le ballon est de taille plus ou moins importante.

Jusqu'à 800 mètres cubes, un aérostat peut être gonflé par huit personnes et deux caporaux ; de 1,000 à 2,000 mètres, il faut 12 hommes ; de 2 à 5,000, de 16 à 32 au plus.

La théorie des mouvements à exécuter demeure la même dans tous les cas.

Nous terminerons par la théorie de la manœuvre des ballons captifs ou transportés à bras, et enfin du dégonflement.

Pour procéder à des ascensions captives *à bras*, il ne faut pas que le ballon soit d'un trop gros cube ni que le vent trop violent vienne contrarier les manœuvres ou les rendre dangereuses. Il est nécessaire de disposer d'un câble d'une certaine longueur (150 mètres au moins), de quatre cordeaux de vingt mètres et, autant que possible, d'une barre de bois solide, de 3 mètres de longueur, attachée, en travers du cercle.

Une corde est attachée à une extrémité de cette barre horizontale, passe au-dessous de la nacelle et vient se fixer à l'autre extrémité de la perche. La forme est donc celle d'un triangle. Le câble formant une boucle épuisée se place à la partie inférieure A du triangle.

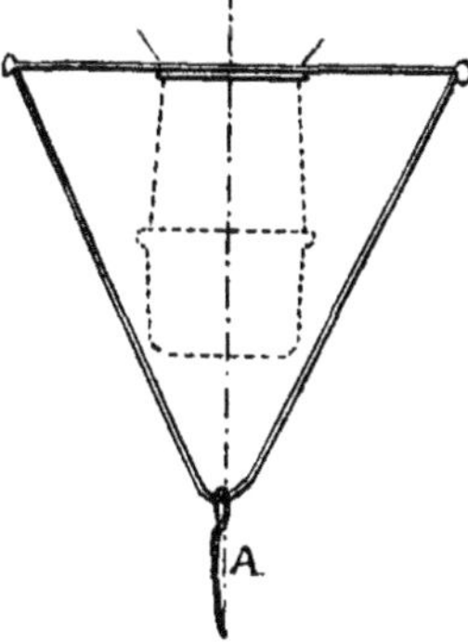

Fig. 53. — Triangle.

Pour les manœuvres captives, on peut employer 12, 16 ou 24 hommes divisés en quatre escouades commandées chacune par un caporal.

Transport a bras. — La nacelle équipée, garnie de son ancre et du lest de route est maintenue par tous les manœuvriers. L'instructeur monte dans la nacelle, commande : *Amarrez les cordeaux.*

Les quatre caporaux montent debout sur le bordage de la nacelle et fixent au cercle, suivant un axe perpendiculaire à celui de la perche, les quatre cordeaux, qu'ils lient par un nœud d'ancre ou de batelier. Ils sautent ensuite à terre. L'instructeur commande alors : *Équipe numéro 1 à votre poste.*

Les hommes faisant partie de l'équipe désignée quittent la nacelle et se portent à un cordeau, leur caporal en tête, et saisissent la corde des deux mains.

L'instructeur répète le commandement, *Équipe numéro 2 à votre poste*, et la deuxième escouade se porte au second cordeau placé de l'autre côté du ballon. Au commandement, la troisième et la quatrième équipe s'emparent de leur cordeau respectif, de façon à ce que les équipes paires soient à côté l'une de l'autre, de même les équipes impaires comme l'indique le schéma ci-après (fig. 54).

L'instructeur commande : LAISSEZ MONTER.

A ce signal, les caporaux et les hommes de chaque escouade laissent filer de la corde jusqu'à ce que l'instructeur crie : *Halte.*

Pour transporter le ballon l'instructeur commande : *Attention pour marcher, escouade numéro 1* (ou *numéro 2*) *numéro 3*) *numéro 4*) *en avant.*

A ce commandement, l'escouade désignée fait demi-tour sur place et tourne le dos au ballon ; les trois autres escouades prennent la même position (c'est-à-dire face du même côté que la première escouade. Les hommes des équipes 1 et 3 passent le cordeau sous leur aisselle droite ; les hommes des équipes 2 et 4 maintiennent le leur à hauteur de la poitrine.

Au commandement de MARCHE, les quatre escouades partent ensemble au pas accéléré, tou-

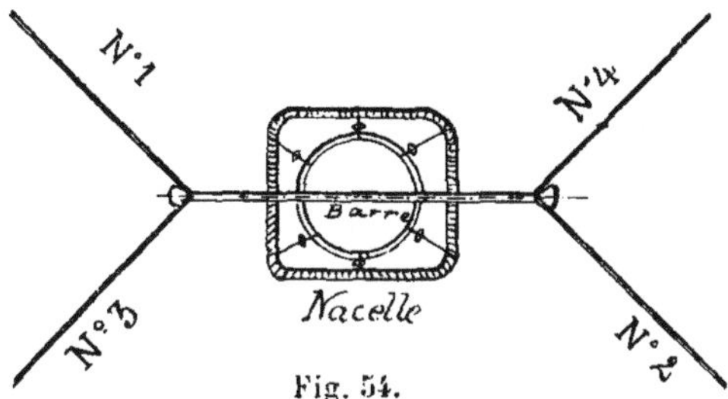

Fig. 54.
Disposition de la perche et des cordeaux. (Plan.)

jours disposées en croix, par rapport les uns aux autres.

Pour changer la direction en marche, l'instructeur peut commander : *Par le flanc droit* (ou *gauche*). — MARCHE. L'escouade de tête tourne du côté indiqué ; les autres suivent le même mouvement et les quatre équipes changent de direction.

Pour revenir au lieu de départ, l'instructeur commande en marchant : *Demi-tour à droite.* —

Marche. Au commandement de Marche, les quatre escouades font demi-tour en marchant et reviennent dans la direction primitive, jusqu'au commandement de Halte.

Au commandement de Descendez, les quatre escouades font face au ballon et reprennent le cordeau, les deux mains à 30 centimètres l'une de l'autre, les caporaux halent et les hommes suivent le mouvement. Quand la nacelle touche le sol, les quatre caporaux se portent à chacun de ses angles et la maintiennent par leur poids, sans que leurs hommes quittent leurs places.

Pour passer un obstacle tel qu'un mur, une voie de chemin de fer, un fil télégraphique, l'instructeur, quand l'équipe qui marche en avant est arrivée au pied de l'obstacle, crie *halte*. Equipe n°... lachez le cordeau.

L'escouade abandonne la corde après s'être arrêtée ; l'instructeur remonte le filin jusqu'à la nacelle (qui doit se trouver à 7 ou 8 mètres au moins du sol) et le lance de l'autre côté de l'obstacle en commandant : *A vos postes*.

La première escouade reprend son cordeau de l'autre côté de l'obstacle et on procède de la même façon pour passer les trois autres cordeaux du côté opposé à l'obstacle que les hommes tournent individuellement de la façon la plus convenable et la plus rapide.

L'obstacle franchi, l'instructeur commande, les escouades étant replacées dans l'ordre qu'elles occupaient auparavant : *En avant.* — Marche, de manière à faire reprendre la marche.

Ces exercices, exécutés par les corps de troupes du génie affectés spécialement au service de l'aérostation militaire, sont des plus intéressants et des plus utiles, et nous les recommandons aux Sociétés d'aérostation françaises, pour l'instruction et l'assouplissement de leurs sociétaires de bonne volonté, qui ont l'espoir d'être utiles un jour à la patrie et désirent connaître tous les secrets de la manœuvre des ballons.

Ascensions captives. — Lorsqu'on veut faire des ascensions captives, le ballon étant équipé comme il vient d'être dit, et la nacelle reposant à terre, l'instructeur commande : *Amarrez le câble*, ce que les quatre caporaux exécutent en passant le bout du câble dans la corde qui tombe de la perche du cercle et en faisant une boucle épissée.

On doit, quand on veut faire des ascensions captives, avoir une *poulie à gorge*, en bois ou en fer, d'assez fort diamètre et dont la chape est

Fig. 55. — Ascension captive à bras.
Le ballon en l'air.

munie d'un crochet ou d'un anneau. L'instructeur ayant choisi l'emplacement des ascensions captives, fait enfoncer dans le sol un long piquet

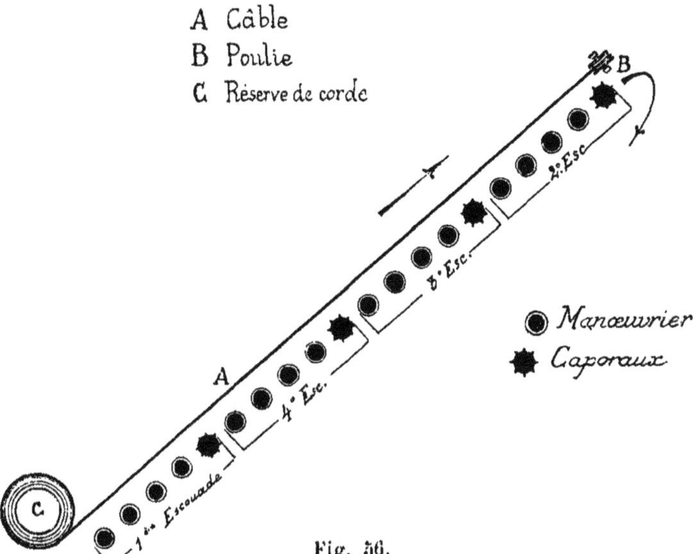

Fig. 56.
Emplacement des escouades pour les ascensions captives.

très solide. Quand ce piquet est fortement enfoncé, la poulie y est attachée par un cordeau.

Le câble est déroulé et passé dans la gorge de la poulie.

Les quatre escouades et leurs caporaux se tiennent à leurs cordeaux dans la position prescrite, l'instructeur commande de laisser monter de toute la longueur des cordeaux, puis il commande : *Equipe numéro 1 au câble.*

L'équipe désignée abandonne son cordeau et se porte au câble, de l'autre côté de la poulie, les hommes tenant le câble des deux mains, à hauteur des cuisses, et l'un derrière l'autre à un mètre de distance.

La première escouade étant au câble, l'instructeur commande successivement les trois autres, qui abandonnent leurs cordeaux et vont se placer, caporaux en tête, à la suite de la première escouade et en tenant le câble de la même façon.

Les quatre escouades étant au câble, pour exécuter l'ascension, l'instructeur commande : *Laissez filer le câble.*

A ce commandement, la première escouade lâche le câble et se porte au pas de course à la suite de la quatrième escouade où les hommes ressaisissent le câble. Pendant ce temps la deuxième escouade (suivie de la troisième et de la quatrième) a avancé jusqu'auprès de la poulie. A ce moment elle lâche aussi le câble et se reporte derrière la première escouade. Successivement les escouades avancent auprès de la poulie, puis lâchent le câble et vont au pas de course reprendre leur poste en arrière, de telle façon que le câble, tout en défilant, est maintenu par trois escouades. Lorsqu'il ne reste plus que 20 mètres de câble, le caporal de l'escouade en travail commande : HALTE. Les hommes se cambrent en arrière et maintiennent le ballon immobile malgré sa force ascensionnelle ou la poussée du vent.

La descente s'obtient par les mêmes manœuvres, mais inverses. C'est-à-dire des escouades tirent, en s'éloignant de la poulie. Chaque fois qu'il y a un espace suffisant auprès de la poulie l'escouade de tête se détache et revient en arrière près de la poulie.

Quand les cordeaux du cercle viennent toucher le sol, l'instructeur commande : *Équipe n° 1 à votre poste.*

L'escouade désignée abandonne le câble et vient prendre son cordeau. L'instructeur répète son commandement, et, successivement, les équipes 2, 3 et 4 viennent reprendre leurs postes aux cordeaux.

Pour faire enlever le câble et la poulie par les quatre caporaux, l'instructeur commande : *Détachez le câble.*

Ces ascensions captives *à bras* sont également des plus intéressantes et, comme les manœuvres de transport, nous les conseillons fort aux aéronautes qui ont un but sérieux en vue quand ils exécutent leurs ascensions.

Manœuvres de dégonflement. — Pour dégonfler par principes un ballon amarré au sol, et, en supposant qu'on ait sous la main des personnes à qui on désire apprendre ce travail, voici ce qu'il y a à faire :

L'instructeur divise son monde en quatre sections de quatre hommes qu'il espace tout autour du ballon, puis il commande : *Pesez sur les cordes de filet.*

Les seize hommes tirent sur les cordes de rallonge jusqu'à ce que le cercle et l'appendice touchent la nacelle et que la circonférence de l'aérostat touche le sol. Assis au centre, tenant la soupape d'échappement grande ouverte, l'instructeur commande : *Tenez bon.*

L'aérostat dégonflé à moitié, l'instructeur, aidé d'une autre personne, tire sur le filet jusqu'à ce que la soupape arrive au niveau du sol. Il en retire alors le chevalet et les caoutchoucs et force les clapets à demeurer ouverts.

Le dégonflement tirant à sa fin, l'instructeur

commande : *Tout le monde au ballon.* Les seize hommes abandonnent leurs postes aux cordes de suspension et viennent étendre le ballon de tout son long. L'instructeur détache de la soupape la couronne du filet et va décabillotter les cordes de suspension attachées au cercle. Aidé de deux personnes tenant comme lui la couronne, il marche en avant et retire le filet de dessus l'enveloppe.

Tout le monde s'agenouille et l'instructeur commande : *Attention. Pliez le ballon par côtes.*

Cette manœuvre s'opère en superposant toutes les coutures paires les unes sur les autres. Le pliage opéré, on roule le ballon, la soupape la première et en dedans, l'appendice en dessus, on le met dans une bâche nouée aux quatre coins et on le place dans la nacelle.

Le filet est disposé en rond ou en 8 au-dessus, puis les accessoires, les engins d'arrêt et, en dernier lieu, le cercle que l'on attache avec les cordes de la nacelle.

Ainsi disposé, le matériel aérostatique ne fait plus qu'un seul colis, facilement transportable et maniable. Il peut être ainsi ramené à son remisage facilement et sans frais considérables.

CHAPITRE QUATRIÈME

L'aérostation militaire en France et à l'étranger.

Décret du président de la République. — Réorganisation de l'établissement de Chalais-Meudon. — Matériel français. — Organisation des troupes d'aérostiers ; parcs de ballons captifs système Yon. — Gonflement des ballons par l'hydrogène comprimé. — Manœuvres des aérostiers militaires. — Ballons et cerfs-volants.

C'est en 1879 que, grâce à l'initiative de Gambetta, se trouva réorganisée l'école aéronautique de Meudon, à la tête de laquelle fut placé le capitaine de la Haye, et qui fut transformée en une simple usine de construction de ballons captifs et d'appareils d'aérostation pour l'armée.

En 1886, sur la proposition du général Boulanger, alors ministre de la guerre, le décret suivant fut promulgué :

« Le président de la République française,

« Sur le rapport du ministre de la guerre,

« DÉCRÈTE :

« ARTICLE PREMIER. — Le service de l'aérostation militaire a pour objet : 1° les études relatives à la construction et à l'emploi des ballons pour les besoins de l'armée ;

« 2° La construction, la conservation et l'entretien du matériel aérostatique ;

« 3° L'instruction du personnel militaire chargé de la manœuvre des ballons.

« Art. 2. — L'établissement actuel de Chalais prend le titre d'Établissement central d'aérostation militaire ; il comprend un atelier d'études et d'expériences, un arsenal spécial de construction et une école d'instruction. Un personnel spécial lui est attaché.

« Art. 3. — Des parcs aérostatiques sont installés dans chacune des écoles régimentaires du génie et dans certaines places déterminées par le ministre de la guerre ; une compagnie de chacun des quatre régiments du génie est affectée au service de l'aérostation militaire.

« Art. 4. — La direction générale du service de l'aérostation militaire et la direction immédiate de l'établissement central sont dans les attributions de l'état-major général du ministre de la guerre.

« Art. 5. — Une instruction ministérielle

spéciale déterminera les détails de l'organisation et le mode de fonctionnement du service.

« Art. 6. — Le ministre de la guerre est chargé de l'exécution du présent décret.

« Fait à Paris, le 19 mai 1886.

« Jules Grévy.

« PAR LE PRÉSIDENT DE LA RÉPUBLIQUE :

« *Le ministre de la guerre,*

« Général Boulanger. »

(*Journal officiel*, 20 mai 1886.)

Le matériel d'un parc aérostatique complet, tel qu'on le fabrique à Meudon, se compose de trois voitures. La première est l'appareil à gaz hydrogène. La seconde est constituée par le treuil à vapeur qui porte le câble et la machine motrice; la troisième est le fourgon qui contient tout le matériel de suspension aérienne pendant les transports. Le système complet a été imaginé par le commandant Renard et ses collaborateurs.

L'utilité de ces admirables appareils d'observation en temps de guerre ayant été démontrée par l'emploi qui en a été fait, notamment dans la guerre du Tonkin, toutes les autres puissances ont adopté les ballons pour les reconnaissances, et il est à remarquer que c'est en France que la Russie, l'Italie, l'Espagne et jusqu'à la Chine ont acheté le matériel dont ces nations font usage.

Deux constructeurs se sont efforcés de constituer des parcs de ballons captifs militaires aussi parfaits et d'un maniement aussi commode que possible. Ces constructeurs sont MM. Gabriel Yon et Lachambre.

M. Lachambre paraît avoir eu principalement en vue de supprimer la machine à vapeur de touage et qui commande en même temps, dans les appareils militaires du commandant Renard, la pompe d'aspiration de l'eau acidulée. L'ensemble du parc Lachambre se compose de deux voitures seulement : la voiture à gaz hydrogène et la voiture-treuil, qui porte aussi le matériel aérostatique.

La voiture à hydrogène (fig. 57) se compose de quatre bouilleurs en tôle plombée, remplis de rognures de fer ou de zinc et alimentés d'eau acidulée par le jeu d'une pompe mue à force de bras. Le gaz produit barbote à sa sortie dans un laveur-épurateur à eau du dispositif ordinaire et il est ensuite envoyé au ballon.

Le treuil (fig. 58) est une voiture à quatre roues qui porte la bobine du câble, les engrenages de commande et les poulies de renvoi. Deux manivelles mues par huit hommes et commandant les pignons d'entraînement permettent d'enrouler le câble et de ramener le ballon avec une vitesse assez faible, mais en rapport avec le peu de force motrice appliqué à l'appareil.

Un ou deux parcs de ce système ont été construits, mais les résultats ayant été inférieurs à ceux obtenus couramment par d'autres constructeurs, nous ne pensons pas que ce dispositif ait un grand succès.

Il n'en est pas de même pour les parcs dus à l'intelligente conception de M. Yon, le savant ingénieur des travaux de qui nous avons déjà eu à nous occuper au cours de ce livre.

M. Yon, ancien collaborateur de Dupuy de Lôme et d'Henri Giffard dans leurs remarquables travaux sur les ballons dirigeables et captifs, M. Yon a imaginé et construit trois modèles de parcs aérostatiques de dimensions et de force de plus en plus grandes, et qui fonctionnent admirablement bien dans tous les pays du monde où ils ont été expérimentés. Le prix de ces parcs est

Fig. 57. — Voiture à hydrogène à quatre bouilleurs de Lachambre.

de 8 500, 10 000 et 15 000 francs, suivant leurs puissances, et par appareil, ce qui fait un total de 25 500, 30 000 et 45 000 francs par matériel complet, un parc se composant de trois véhicules : l'appareil à gaz hydrogène, le treuil à vapeur et le fourgon du ballon.

Le plus grand modèle de parc dit *de forteresse*, représente un poids total de 6 000 kilogrammes répartis en trois chariots. L'appareil à gaz dont la pompe à pistons plongeurs de dimensions rigoureusement calculées est actionnée par la vapeur et alimente sans cesse d'eau acidulée le bouilleur, a une production continue de 200 mètres cubes d'hydrogène à l'heure. La machine motrice du treuil a une force de 8 chevaux-vapeur et le câble de retenue a 500 mètres de longueur.

Parc de campagne extra-léger. — Le parc de campagne se compose seulement de deux chariots.

1° Le générateur à gaz hydrogène pur à marche rapide et continue, monté sur un chariot à quatre roues, et qui se compose d'un bouilleur en tôle garnie de plomb pour résister à l'acide. Ce bouilleur est surmonté d'un gueulard

Fig. 58. — Treuil du parc aérostatique Lachambre.

pour recevoir la tournure de fer et complété par une fermeture hydraulique.

L'eau et l'acide nécessaires à la production du gaz sont distribués dans le rapport voulu et automatiquement par des corps de pompe actionnés par un petit moteur à vapeur spécial, desservi par une tuyauterie de reliage en toile caoutchoutée et en rapport avec la chaudière et la machine motrice. Le gaz, à sa sortie du bouilleur, passe dans le laveur où il barbote dans de l'eau constamment renouvelée par une pompe particulière attelée sur la bielle du moteur, puis de là se rend au sécheur, lequel est composé de deux récipients contenant de la soude caustique et du chlorure de calcium, puis continue sa course par l'intermédiaire d'un tuyau mobile en tissu verni, jusqu'au ballon récepteur.

Le poids de ce chariot, constituant le matériel chimique et y compris tous ses accessoires, est de 2 800 kilogrammes; la puissance de production du générateur à l'hydrogène pur est de 250 à 300 mètres cubes par heure de marche effective.

2° Le treuil à vapeur pour la manœuvre du câble d'ascension; il est monté également sur un chariot à quatre roues, et comporte d'abord une chaudière verticale avec tubes système

Field, fournissant la vapeur à une machine motrice à deux cylindres, laquelle actionne un arbre dont les manivelles sont conjuguées à angle droit; sur cet arbre est calé un système d'engrenage qui communique le mouvement aux poulies de touage tractionnant le câble d'ascension qui se trouve relié lui-même à l'aérostat par l'intermédiaire d'une poulie à mouvement universel, ayant un enroulement absolument automatique sur le tambour récepteur; la partie mécanique est complétée par un frein à air, modérateur de la vitesse ascensionnelle de l'aérostat et par un frein de sûreté, dit de bloquage, pour l'arrêt.

« L'ensemble du matériel mécanique très complet est de 2 500 kilogrammes et la puissance effective pouvant être développée par la machine motrice est de 5 chevaux sur l'indicateur des pistons.

« 3° L'aérostat est en soie de Chine; il cube 550 mètres et est muni d'un filet, confectionné avec du chanvre de Naples; le tissu du ballon est rendu imperméable au moyen d'un vernis spécial à base d'huile de lin, et le filet lui-même ainsi que les suspensions sont passés à une préparation imputrescible par l'emploi du

Fig. 59.
Suspension de nacelle et amarrage du câble dans les ballons captifs Yon.

cachou; les soupapes sont construites en bois et métal accouplés, et leur étanchéité est parfaite; le joint étant fermé, sous traction de ressort, par la pression d'un couteau métallique sur une bande de caoutchouc à gorge interne élastique.

« La suspension en général est particulièrement remarquable en ce sens que sa jonction au filet a lieu par un point central dit à la Cardan, qui permet toutes les obliquités possibles à l'aérostat, tout en conservant la verticalité la plus parfaite à la nacelle; un dynamomètre relie le câble d'ascension à l'ensemble du système, ce qui permet de connaître à chaque moment la traction produite sur ce dernier par la décomposition de l'effort ascensionnel du ballon en raison de la poussée qu'il subit sous l'action du vent.

« Le câble a 500 mètres de longueur, il possède un réseau télégraphique desservi par un téléphone Siemens, avec contact par balai entre les tourillons du tambour récepteur à terre et la suspension de la nacelle, de façon à avoir continuellement la communication à toutes les hauteurs entre les aéronautes et les officiers à renseigner.

« Les organes d'arrêt, tels que corde-frein et

ancre, ont été eux-mêmes très améliorés, et leur effet utile à poids égal a été plus que doublé.

« La totalité du matériel aérostatique est agencé dans un troisième chariot porteur monté sur quatre roues qui pèsent, tout compris, contenant et contenu, 2 200 kilogrammes.

« C'est donc en réalité, pour chaque parc complet, un poids total de 7 500 kilogrammes à transporter sur trois chariots spéciaux; le reste, comportant le charbon, l'acide et le fer, pouvant être chargé sur les fourgons ordinairement employés par l'armée en pareil cas. »

Ce matériel a été raisonné de manière à pouvoir se déplacer avec une très grande rapidité afin d'être à même de se porter d'un point à un autre en campagne, quels que soient les accidents de terrain à franchir, et, si l'on considère que l'officier qui est à bord de l'aérostat peut embrasser à l'œil nu une étendue de terrain de plusieurs lieues à la ronde, quand il se trouve au bout du câble (lequel a 500 mètres de longueur), il peut paraître difficile, pour ne pas dire plus, qu'une surprise de l'ennemi soit possible, puisqu'au moyen du téléphone et du télégraphe le jour et de la télégraphie optique la nuit, il peut correspondre de corps d'armée à corps d'armée avec la plus grande facilité, au moyen d'un câble métallique spécial et d'une forte lampe électrique à projection desservie par une dynamo Gramme qui lui permet d'éclairer et de fouiller l'horizon dans toute la circonférence décrite par le puissant jet lumineux qu'il a à sa disposition. Il est donc admissible de dire pour terminer, que l'emploi des aérostats est absolument indiqué dans les guerres futures et qu'ils seront prochainement rendus indispensables et complétés par la solution du problème de leur direction dans l'atmosphère.

Pour la campagne d'Abyssinie, le gouvernement italien s'adressa à M. Yon pour la fourniture d'un parc aérostatique sans générateur de gaz. Le célèbre constructeur songea alors à transporter l'hydrogène comprimé dans des tubes en acier. Le type adopté fut celui de Nordenfeldt

Fig. 60. — Tube pour transport de l'air comprimé.

mesurant 2m,40 de long, 14 centimètres de diamètre, et contenant 4 mètres cubes de gaz à la pression de 120 atmosphères. Il fallait 80 tubes semblables, pesant 2 400 kilogrammes, pour gonfler un aérostat de 320 mètres cubes. C'était la charge de 20 chameaux seulement. Ce système eut les meilleurs résultats, et le remplissage de l'aérostat s'opéra sans difficulté, et en moins d'une heure, au milieu des déserts de l'Afrique.

Les ballons militaires ont été employés, non seulement dans les reconnaissances à terre, mais en mer, à bord des grands cuirassés, et une expérience des plus concluantes a été faite avec un ballon de soie cubant 200 mètres ; il a été gonflé, comme le précédent, sur le pont de la batterie flottante *l'Implacable ;* mais le gaz a été obtenu par un procédé tout à fait nouveau et le gonflement a été très rapidement achevé.

L'aérostat prêt à s'élever, le capitaine Serpette et un timonier s'installent aussitôt dans une toute petite nacelle où sont disposés une série d'instruments de précision et un appareil téléphonique dont le fil conducteur s'enroule autour du câble pour établir les communications verbales entre la nacelle et le navire; puis le capitaine commande à ses matelots de larguer le ballon.

L'ascension est favorisée par un calme plat et le ballon s'élève majestueusement à 350 mètres environ d'altitude. A ce moment, 7 h. 40, le capitaine transmet par le téléphone le commandement : *Tiens bon*, et l'aérostat s'arrête.

Les curieux envahissent le quai du port. M. le lieutenant de vaisseau Serpette scrute alors l'horizon à l'aide d'une puissante lunette, il examine attentivement les points les plus éloignés, au sud la Corse, à l'est Nice et à l'ouest Marseille et, comme si la défense l'exigeait, il signale au commandant de Maigret, qui se trouve avec la commission sur le pont de l'*Implacable*, tout ce qui peut être aperçu du haut de cet observatoire.

Il énumère le nombre de navires à vapeur et à voiles qui naviguent en ce moment de l'est à l'ouest et au sud de Toulon. Il indique même la nationalité du plus grand nombre et répond à différentes questions qui lui sont posées par la commission.

Sur un ordre du capitaine, le ballon descend à huit heures trois quarts et remonte dans les airs à neuf heures avec le même succès. Cette fois, l'amiral Amet, commandant sur la passerelle du *Colbert*, entouré de tous les officiers de ce vaisseau, questionne longuement l'observateur aérien au moyen de signaux transmis à l'*Implacable* et répétés par le téléphone qui communique avec la nacelle de l'aérostat.

Les réponses parviennent instantanément. Tous les états-majors des navires de l'escadre suivent avec un vif intérêt les mouvements qui se produisent entre l'*Implacable* et le ballon captif.

A 10 heures, nouvelle descente et nouvelle ascension à 400 mètres d'altitude. Cette fois, on procède à des levées photographiques. Des communications s'établissent encore entre le *Colbert*, l'*Implacable* et la nacelle de l'aérostat.

Le capitaine Serpette répond aux questions posées par l'amiral Amet et par le commandant de Maigret ; à dix heures vingt, une chaloupe à vapeur prend à la remorque le ballon captif et le conduit au large. La commission prend place à bord de cette embarcation et continue les communications téléphoniques avec le capitaine Serpette.

La chaloupe revient sur rade à onze heures. Elle fait le tour de l'escorte et accoste l'*Implacable* où le câble est amarré. Le capitaine commande de rappeler le ballon et la bobine autour de laquelle son câble en bourre de soie de douze millimètres de diamètre s'enroule, se met en mouvement. L'aérostat descend et se trouve en quelques instants sur le pont du navire où il est retenu. Le capitaine Serpette et son timonier sautent lestement de la nacelle, tout comme s'ils descendaient du banc de quart, sans émotion et sans fatigue.

Ces expériences semblent avoir résolu la grave question de la surveillance à de grandes distances des navires ennemis.

A terre, les manœuvres des ballons captifs militaires s'exécutent de la façon suivante :

Le ballon est étalé en épervier (la soupape au centre) et garni de son filet. On réunit, par un tuyau en toile vernissée, l'appendice au tube sortant du laveur de la voiture à hydrogène et on commence le gonflement.

Il faut six servants autour du générateur : quatre pour enlever les touries et verser leur contenu dans le bac à acide ; deux autres pour vérifier le dosage de l'eau acidulée et l'arrivée du mélange dans la colonne à tournure de fer. Suivant la rapidité de l'arrivée de l'acide, le débit de gaz est plus ou moins grand, on peut atteindre un maximum de production de 300 mètres cubes à l'heure. Le gaz est lavé dans un récipient plein d'eau qui se renouvelle constamment, et l'eau chargée de sulfate de fer est évacuée dans une rigole. L'appareil se règle par l'ouverture plus ou moins grande du robinet de vapeur et la vitesse plus ou moins considérable de la pompe qui aspire l'eau et l'acide.

En moins de deux heures, le ballon normal, du cube de 500 mètres, est gonflé. On attache le petit cercle garni de ses suspentes, puis les barres du trapèze et la nacelle. Le filet demeure garni, suivant toute la circonférence du ballon, de sacs de lest d'un poids connu et qui servent à connaître la force ascensionnelle de la sphère de soie. Le *pesage* effectué, les quatre escouades de huit hommes se retirent aux cordes équatoriales, les *arrimeurs* soulèvent la nacelle, et la couronne de sacs de lest balayant le sol, on transporte l'aérostat à dix mètres et sous le vent du treuil à vapeur en pression.

Le chef de manœuvre commande alors aux quatre escouades : *Laissez monter!*

Les hommes laissent filer les cordes équatoriales par fractions de 40 centimètres indiquées par des cabillots fixés de distance en distance. Les suspentes se déploient et bientôt le ballon soulève la nacelle. On attache alors l'extrémité du câble, garni d'un gros cabillot, à la boucle terminant le *triangle* au-dessous de la nacelle

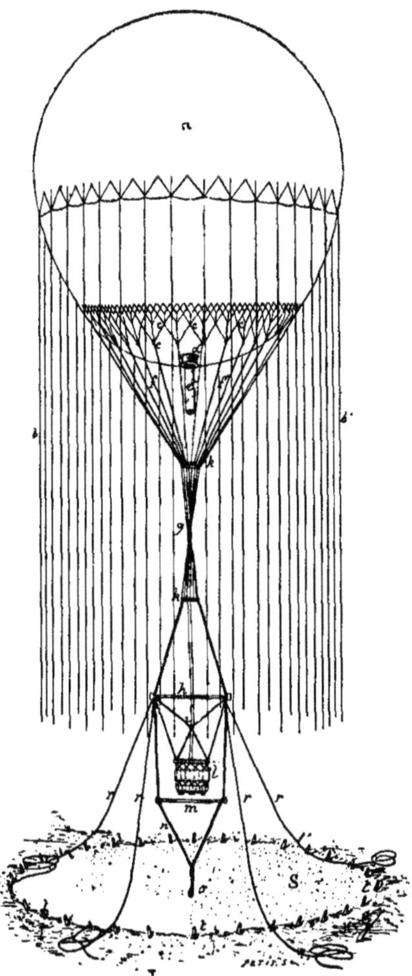

Fig. 61. — Ballon militaire sur ses amarres.

a, ballon. — *b*, cordes équatoriales. — *c*, filet et pattes d'oie. — *d*, appendice. — *e*, manchons — *f*, cordes de suspension. — *g*, suspentes. — *h*, barre de trapèze. — *k*, *k*, petits cercles. — *l*, nacelle. — *m*, barre d'amarrage. — *n*, triangle. — S, plate-forme. — *o*, boucle d'amarrage. *r*, cordes de manœuvre. — *t*, piquets d'amarrage.

garnie de son ancre et de son lest de route en cas d'ascension libre.

Successivement les quatre escouades se portent aux quatre câbles *r*, *r'* (fig. 61) tombant de la barre de suspension et, au commandement, les laissent filer jusqu'à ce que le ballon soit seulement maintenu par le câble qu'on laisse se dérouler à volonté et qu'on ramène par le jeu de la machine à vapeur. Pendant les ascensions captives, les manœuvriers ont la liberté de se reposer, à proximité des appareils, et leur seul travail consiste à reprendre les quatre cordes et ramener à force de bras la nacelle à terre, lorsque le câble est complètement enroulé.

Les aérostiers militaires français font partie de l'arme du génie. Chacun des régiments casernés à Versailles, Arras et Montpellier contient une compagnie spécialement affectée à ce service et ne se composant que d'hommes ayant des professions pouvant être utilisées pour le travail de l'aérostation.

En campagne, le ballon peut être transporté tout gonflé. Lorsque les routes ne permettent pas de le traîner attaché par le câble au treuil à vapeur attelé, c'est à force de bras que les quatre escouades, marchant en croix, le conduisent d'un lieu à un autre.

Le matériel est construit à Meudon par des soldats de divers corps, envoyés en détachement à cet établissement, et les compagnies d'aérostiers, qui sont munies du matériel complet d'un ballon normal de 540 mètres cubes, du treuil à vapeur et de la voiture à gaz hydrogène, s'exercent en temps de paix à toutes les manœuvres de gonflement, d'ascension et de transport qui peuvent avoir lieu en campagne. On fait aussi des ascensions captives de nuit à la lumière électrique et des essais de tir sur des ballons non montés à diverses distances.

CHAPITRE V

Les ballons captifs.

Ballons captifs à vapeur de Henri Giffard en 1867 et 1869. — Les deux ballons captifs de l'Exposition de 1889. — Les captifs de Bruxelles, Turin, Barcelone, etc., construits par Yon.

Lors de l'Exposition universelle de 1867, une entreprise d'un nouveau genre attirait l'attention des visiteurs. Dans un terrain de l'avenue Suffren s'élevait une construction d'un genre bizarre, de forme cylindrique et au centre de laquelle se dressait la monstrueuse coupole d'un ballon de 5 000 mètres cubes, pouvant emporter 12 passagers jusqu'à 300 mètres de hauteur et qu'une machine à vapeur pouvait ramener jusqu'à terre en embobinant le câble qui le maintenait captif sur un treuil mobile.

Ce ballon avait été édifié par l'ingénieur Giffard, inventeur de l'*injecteur* et le créateur du premier ballon dirigeable à vapeur. Il eut le plus grand succès pendant toute l'Exposition et sa réussite engagea le savant ingénieur à fabriquer, deux ans plus tard, à Ashburnam, un autre ballon de plus grandes dimensions encore et renfermant non plus 5 000, mais 11 500 mètres cubes de gaz et emportant 25 passagers à 600 mètres au-dessus de la capitale de la vieille Albion.

Ce captif ne réussit pas, il faut le dire, comme son aîné, et Giffard n'ayant pu continuer son exploitation, le confia à Tissandier pour l'organisation d'une ascension libre au bénéfice de l'expédition au Pôle Nord de Gustave Lambert.

Depuis l'année 1878, des ballons captifs ont été installés dans diverses villes de France et de l'étranger, par des aéronautes français. C'est ainsi qu'à l'Exposition de Bruxelles, Toulet établit un captif cubant 2 000 mètres; à Turin, en 1880, Godard installa un ballon de 5 000 mètres qui fut foudroyé; enfin, à Barcelone, M. Gabriel Yon édifia un ballon d'un cube analogue et qui obtint un grand succès.

Lors de l'Exposition universelle de 1889 (où, entre parenthèses, la science française de l'aéronautique n'était représentée que par l'encombrante famille Tissandier), deux ballons captifs furent installés à proximité du Champ-de-Mars L'un, construit par M. Lachambre, fonctionnait au boulevard de Grenelle, l'autre, construit par M. Yon, était établi près du Trocadéro.

Aérostat de M. H. Lachambre[1]. — Le ballon du boulevard de Grenelle avait été inauguré le 2 juillet. Confectionné en soie de Chine, d'une résistance de 900 à 1 000 kilogrammes par mètre carré, il était enduit de 7 couches d'un vernis préparé avec soin.

Il cubait 2 600 mètres et était muni d'un ballonnet compensateur de 300 mètres cubes environ de capacité.

La soupape supérieure à joints hermétiques, genre Giffard, avait un diamètre de $0^m,80$.

La partie inférieure de l'aérostat portait deux soupapes automatiques : l'une, la soupape à gaz, de 1 mètre de diamètre, s'ouvrait sous une pression de 20 millimètres d'eau ; l'autre, la soupape à air, de $0^m,70$ de diamètre, s'ouvrait sous une pression moitié moindre.

Le filet, en chanvre de Naples, est composé en 192 mailles à la circonférence. Ses 384 cordes portent chacune 220 kilogrammes ; il se termine par 6 pattes d'oie reliées à l'anneau d'acier qui porte la nacelle. A cet anneau est fixé un dyna-

[1] *Description des ballons captifs de l'Exposition universelle de* 1889. — Revue de *l'Aéronautique*, année 1890, page 176.

momètre auquel est attaché, d'autre part, le câble d'ascension.

Ce câble de 28 millimètres de diamètre est à 4 torons avec âme. Sa longueur est de 465 mètres, sa limite de résistance atteint 8 240 kilogrammes. Avant de s'enrouler sur le treuil il passe sur une poulie articulée (genre Giffard) fixée à 25 mètres de celui-ci.

Le treuil mobile, tout en fer et monté sur quatre roues, est actionné par deux cylindres accouplés d'une puissance nominale de 20 chevaux.

Signalons, dans ce treuil, un nouveau *guide d'enroulement* dû à l'ingénieux constructeur de l'appareil, M. Coulette. Ce dispositif qui a fonctionné continuellement de la façon la plus satisfaisante, semble préférable aux autres guides employés jusqu'ici.

Dans ces conditions, et sous un effort ascensionnel de 1 000 kilogrammes, le câble peut être enroulé avec une vitesse de $1^{m},20$ par seconde.

L'appareil porte deux freins régulateurs d'ascension : l'un à air, l'autre à friction. L'enroulement du câble est automatique.

La chaudière tubulaire horizontale est timbrée à 7 kilogrammes et alimentée par deux injecteurs Giffard.

Ce ballon fut d'abord gonflé de gaz d'éclairage, mais il ne disposait ainsi que d'une très faible force ascensionnelle qui ne permettait l'enlèvement que de deux ou trois voyageurs. Dès le premier essai, le câble qui s'était engagé dans la chape de la poulie, à la suite d'un coup de vent, faillit être coupé ; le captif resta en panne à cinquante mètres en l'air, et il fallut, après cent manœuvres ridicules et inutiles, ouvrir la soupape et perdre le gaz pour redescendre sur le bon plancher des Parisiens.

On regonfla donc d'hydrogène ce malheureux ballon et il put commencer la série de ses ascensions à 350 mètres (hauteur peu supérieure à celle de la Tour Eiffel). Il eut les pires mésaventures, son peu de solidité lui interdisant d'ascensionner par des vents supérieurs à 10 mètres par seconde. Il fut plus d'une fois précipité à terre par les bourrasques, et même éventré contre un candélabre ; cependant, il n'y eut pas, ce qui est étonnant, de mort d'homme pendant toute la durée de l'exploitation, qui cessa le 10 novembre.

Avec le gaz restant dans l'enveloppe on gonfla trois petits ballons qui servirent à enlever, en ascension libre, quinze voyageurs.

Aérostat de M. Yon. — L'aérostat captif construit par MM. Yon et Godard était installé dans un terrain de l'avenue Kléber, près du Trocadéro. Son diamètre de 18 mètres correspondait à un volume d'environ 3 000 mètres cubes et à une surface totale d'environ 1 000 mètres carrés.

Le tissu employé était, comme d'ordinaire, la soie de Chine. Cette enveloppe était imperméabilisée à l'aide de plusieurs couches de vernis à l'huile de lin.

Nous remarquerons une particularité dans la construction de cet aérostat : les 48 *fuseaux* dont il se composait comprenaient chacun 80 *panneaux* (la circonférence du ballon était de $56^{m},55$).

Cette disposition économique, en multipliant les coutures, ne nuit-elle pas à l'étanchéité ?

La soupape supérieure était du genre Giffard, à clapet en dessous. La soupape inférieure était réglée de manière à s'ouvrir sous une pression intérieure d'environ 10 millimètres d'eau.

Le ballonnet intérieur à air, de 350 mètres cubes environ de capacité, était muni de deux soupapes automatiques du même type que celle du ballon à gaz.

Le filet était composé à la circonférence de 384 cordes, résistant chacune à un effort-limite de 210 kilogrammes et formant 192 mailles,

La nacelle affectant la forme annulaire du type Giffard, comme celle de l'aérostat de M. Lachambre, avait un diamètre extérieur de 3^m,50. Le gréement de ces deux aérostats était également la reproduction du dispositif adopté par Giffard, en 1878, pour son grand ballon captif de 25 000 mètres cubes.

La longueur du câble de l'aérostat de MM. Yon et Godard était de 450 mètres. Muni d'un dynamomètre à sa jonction avec le cercle de suspension, il passait ensuite sur une poulie articulée et venait s'enrouler sur la bobine du treuil à vapeur.

Ce treuil est commandé par deux cylindres de 150 millimètres de diamètre permettant une course de pistons de 200 millimètres. La commande se fait, comme dans le treuil Lachambre, par l'intermédiaire de deux tambours à gorges solidarisés par engrenages à chevrons et reproduisant le dispositif appliqué depuis fort longtemps sur les bateaux-toueurs.

A la vitesse de rappel de 1 mètre par seconde, les tambours effectuent 34 tours, et l'arbre de commande du moteur à vapeur fait 136 révolutions par minute.

A cette allure et à la pression de 7 kilos, la

machine développe, avec une admission pendant les $\frac{3}{4}$ de la course, environ 26 chevaux.

La chaudière est du système Field. Les cylindres moteurs sont disposés de manière à pouvoir au besoin former freins à air à l'aide d'un robinet de réglage. Le treuil porte, en outre, un frein de sûreté à friction analogue aux freins ordinaires des appareils de levage.

La poulie à mouvement universel ne diffère pas sensiblement de la poulie bien connue de Giffard.

Le gonflement de l'aérostat a eu lieu le 9 juin au moyen de l'hydrogène pur fourni par l'appareil à circulation, d'une production horaire maxima de 150 à 200 mètres cubes, déjà décrit.

L'exploitation de cet aérostat a cessé le 17 novembre et s'est terminée par une ascension libre. A cet effet, la nacelle annulaire fut remplacée par un assemblage de 3 nacelles ordinaires, juxtaposées et solidarisées. Vers 2 h. 40, l'aérostat s'éleva par un temps très calme avec 19 voyageurs, quelques minutes seulement après l'ascension d'un petit ballon de 400 mètres cubes, qui, parti du même point, emmenait 3 aéronautes.

L'altitude atteinte par l'ancien aérostat captif ne dépassa pas 700 mètres. La descente eut lieu à 4 h. 45 (deux heures environ après le départ), à Bouafle, distant de 4 kilomètres environ de Meulan (Seine-et-Oise), et situé à 35 kilomètres de Paris, à vol d'oiseau.

Cet aérostat est parti, depuis, pour Buénos-Ayres où il a exécuté, en 1890, une nouvelle campagne sous la direction de MM. Panis et Taupin.

Exploitation d'un ballon captif. — Il serait à souhaiter que, dans un but désintéressé d'instruction de la jeunesse et d'étude pour les savants, il existât à demeure, à Paris, patrie des aérostats, un parc de ballon captif en permanence. Il est prouvé qu'on peut maintenir gonflé pendant des mois entiers un ballon, sans que celui-ci perde sensiblement de sa force ascensionnelle ; on peut d'ailleurs parer aux suites inévitables produites par les phénomènes d'endosmose, en ajoutant de temps à autre un peu d'hydrogène.

Point ne serait besoin d'une vessie monstre cubant des millions de mètres : un petit ballon de cinq à six cents mètres cubes, gonflé d'hydrogène pur, suffirait parfaitement et pourrait enlever trois ou quatre personnes à 500 mètres en quelques instants.

L'appareil pour la production du gaz pourrait

être le système à production continue de Yon ou de Tissandier, seulement l'hydrogène revient à 1 franc le mètre cube, ce qui est un prix un peu élevé. Les appareils de fabrication par voie sèche abaissent considérablement ce prix, mais ils sont peu pratiques, encombrants, et ne produisent que très lentement la quantité de gaz désirée.

Le meilleur est encore de choisir un générateur à circulation produisant une centaine de mètres cubes d'hydrogène par heure. Le treuil peut être actionné par la vapeur ou même simplement par la force humaine. Dans ce dernier cas, un renvoi d'engrenages suffira pour ramener le ballon à terre avec une vitesse de un mètre par seconde, c'est-à-dire en dix minutes d'une altitude de 500 mètres.

Le prix de l'installation d'un semblable parc serait peu élevé et atteindrait à peine dix mille francs, ainsi répartis :

Ballon de 600 mètres en soie de Chine . .	2 800 fr.
Générateur produisant 100 mètres cubes à l'heure	3 800 —
Treuil mû par huit hommes ou vapeur . .	2 500 —
Câble et corderie d'amarrage	900 —
	10 000 fr.

En dehors de l'intérêt présenté au grand public par ce ballon, lequel pourrait être l'objet d'une fructueuse entreprise, pouvant plus que tripler le capital engagé dans une exploitation d'une année, même en comptant les ascensions à un prix des plus modérés, il y aurait là, nous le répétons, un excellent moyen d'étudier la météorologie et les phénomènes atmosphériques, en même temps qu'une forme intéressante d'enseignement pour la jeunesse française désirant se familiariser avec le domaine aérien et ses merveilles.

Quant à ce qui concerne les ballons captifs purement industriels, on ne peut que conseiller aux personnes désireuses de lancer une entreprise de ce genre, de se reporter aux travaux des Giffard et des Yon où ils trouveront les plus parfaits modèles de ce genre de construction, et en leur rappelant que les spécialistes pour les différentes pièces constituant un matériel complet de ballon captif, sont les personnes suivantes, à Paris :

Ponghée et tissus pour l'enveloppe. — *Magasins du Louvre.*

Filet, câble et cordages. — *Corderie centrale Boucley, Thomas, Bardou et Clerc.*

Construction de ballons. — *Louis Godard et Yon, Lachambre.*

Nacelles. — *Oualle et Fortuné.*

Couture. — *Henri Roger.*

Générateurs à gaz. — *Yon, Lachambre.*

Ancres, grappins. — *Yon, Hervé, Bans, Quilliot.*

CHAPITRE VI

Navigation aérienne par « le plus lourd que l'air ».

L'aviation, son historique jusqu'à nos jours. — Les hommes volants. — Le vol à voiles. — Les hélicoptères. — Les oiseaux mécaniques. — Les aéroplanes. — Travaux de divers savants. — Moyens d'en arriver à la solution du problème de la navigation aérienne.

L'aviation est bien réellement la mère de l'aérostation et que c'est au moyen d'appareils plus lourds que l'air que les chercheurs ont tout d'abord essayé de faire la conquête de l'air.

La découverte des ballons, en donnant à l'homme la faculté de s'élever sans peine dans l'atmosphère, a un moment rejeté au second plan ces recherches qui, avec le progrès incessant des sciences et particulièrement de la mécanique, auraient donné indubitablement des résultats. On s'est attaché à diriger la vessie flottante de Charles, croyant que là était la solution, quoique la nature, qui a créé l'oiseau, n'ait jamais rien fait qui ressemble à un aérostat. Aujourd'hui, l'expérience faite, on en revient aux principes des chercheurs du XVe siècle et, comme le commandant Renard lui-même en convient, c'est dans une toute autre voie, celle des mécaniques volantes, que les inventeurs portent leurs efforts.

D'abord, l'homme peut-il voler par ses seules forces et en s'adaptant des ailes de forme et de grandeur calculée ?...

D'après M. Robert Guérin, il ne faudrait pas répondre par une négation obstinée. Voici ce que ce savant professeur dit à ce sujet dans un article sur le *Vol à voile* :

« Que des oiseaux puissent voler sans dépense de force, cela paraît au premier abord une chose impossible ! Beaucoup d'observateurs ont eu de la peine à le croire. Les uns ont supposé qu'ils produisaient des mouvements si petits qu'on ne pouvait les percevoir. D'autres, qu'ils étaient soutenus par des courants ascendants. D'autres enfin prétendaient que les oiseaux se gonflaient d'air chaud et qu'ainsi ils étaient suffisamment allégés pour se soutenir en l'air.

« Un peu de réflexion fait comprendre de suite que toutes ces actions ne produiraient pas un effet suffisant, et que, s'il n'y avait que cela, l'oiseau ne volerait pas.

« Comme l'ont démontré MM. d'Esterno, Mouillard, de Louvrié, l'exhaussement est produit par l'utilisation adroite de la force du vent et nulle autre force n'est nécessaire.

« Supposons, dit M. d'Esterno, que lorsque « l'oiseau se laisse glisser sans battements sur « l'air calme en transformant, par un effet de « plan incliné, sa hauteur acquise en mouve- « ment de translation, il dépense 1 mètre de « hauteur verticale pour obtenir 8 mètres de « translation (cela n'est probablement pas très « éloigné de la vérité), et disons donc : 1 mètre « de hauteur égale 8 mètres de distance. Pre- « nons un oiseau qui parcoure 1 kilomètre à la « minute : il parcourra les 8 mètres un une « demi-seconde (nombre rond et fractions né- « gligées). Maintenant lançons cet oiseau dans « un vent marchant aussi à raison de 1 kilomètre « par minute, soit 8 mètres par demi-seconde « et coupant à angle droit la marche de « l'oiseau. Supposons que ce vent soulève « l'oiseau de 2 mètres pendant qu'il l'entraîne » de 8 mètres, par demi-seconde. L'oiseau n'é- « prouve pas le besoin de s'élever, il faut donc « qu'il dépense, par chaque demi-seconde, les « 2 mètres de hauteur qu'il acquiert. Qu'en

« fera-t-il ? Il transformera 1 mètre de hauteur « en 8 mètres de marche contre le vent pour « neutraliser l'effort égal d'entraînement que le « vent fait contre lui : il lui restera à dépenser « 1 mètre de hauteur qu'il transformera égale- « ment en translation et avec lequel il produira « 8 mètres de progression utile dans le sens où « il veut aller. Ainsi, comme résultat définitif, « le vol à voile lui donnera, toutes pertes « détruites, une marche de 1 kilomètre à la « minute. »

« L'homme doit certainement pouvoir imiter tous ces exercices qui ne demandent pas de force, mais seulement de l'adresse.

« L'application des principes du *vol à voile* n'est étudiée sérieusement que depuis peu de temps.

« Des essais de ce genre semblent pourtant avoir été faits à certaines époques.

« C'est du vol à voile qu'ont dû exécuter Jean-Baptiste Dante, Paul Guidotti, le marquis de Bacqueville et quelques autres qui tentèrent des essais de vol artificiel.

« D'après les récits qui nous ont été transmis, au XIe siècle, Olivier de Malmesbury, en s'élançant du haut d'une tour, et supporté par des ailes mécaniques qu'il aurait imaginées, aurait parcouru environ 120 pas ; Paul Guidotti (né en 1569), au moyen d'ailes en baleine recouvertes de plumes, en s'élançant du haut d'un lieu élevé, se serait soutenu assez bien durant un quart de mille ; J.-B. Dante, de Pérouse, (xve siècle), aurait fait plusieurs expériences au-dessus du lac Trasimène, etc.

« De l'étude de ces divers essais, d'après le peu de détails que l'on en peut avoir, il semblerait résulter que les expérimentateurs n'auraient fait, en général, que se laisser glisser sur une couche d'air et se seraient par ce moyen transportés d'un endroit à un autre moins élevé. Il n'y a rien d'impossible cependant à ce que, à l'aide de surfaces adroitement manœuvrées, ils aient pu s'élever à une certaine hauteur et s'y maintenir par l'action du vent sur l'appareil.

« La navigation aérienne ne consiste pas uniquement à monter dans l'air comme on le ferait avec un ballon. Elle a surtout pour but de permettre de voyager dans le sens horizontal. On peut ranger parmi les expériences de *vol à voile* toutes celles qui ont eu pour but d'avancer d'une façon quelconque dans une direction choisie d'avance.

« L'appareil qui permet de faire ces expériences n'est autre chose que le parachute rendu dirigeable par les différentes inclinaisons qu'on lui fait prendre.

« Toutes les fois qu'on se laissera glisser suivant une ligne oblique et que, par conséquent, on avancera dans le sens horizontal, on aura fait du vol à voile. La question de remonter s'apprendra petit à petit, à mesure qu'on s'habituera à la manœuvre de l'appareil.

En résumé, les essais devront avoir pour but de ralentir la chute verticale, de façon à permettre d'obtenir une aussi longue course horizontale que possible.

Au moyen du parachute, Mme Poitevin, pour descendre de 1 800 mètres, mit 42 à 43 minutes, ce qui fait un peu plus de 70 centimètres de descente à la seconde. D'autre part, Elisa Garnerin, par l'inclinaison de son parachute et en utilisant la force du vent, parvenait très bien à se dévier de la verticale.

« Comme personne ne serait capable de conduire une machine *aviatoire* d'un système quelconque, s'il n'a fait d'abord des essais pour s'accoutumer à la manœuvre très délicate de ces appareils, il convient de faire petit avant de faire grand. Du moins, là nous paraît la marche à suivre.

« Pour commencer, on pourrait se contenter d'une grande surface de toile fixée sur un châssis solide et légèrement construit, possédant deux ailes pouvant se déplacer facilement de l'avant à l'arrière pour permettre, suivant la position qu'on leur donne, de monter ou de descendre. En portant les ailes vers l'avant, on déplace le centre de gravité et l'appareil se présente sous un angle plus ouvert qui vient heurter contre la force du vent. La vitesse acquise, par ce moyen, se traduit en élévation. C'est le procédé employé par les oiseaux. On arrive ainsi non seulement à regagner la chute qu'on a été obligé de faire pour acquérir de la vitesse, mais même à remonter plus haut que le point de départ.

« Ce n'est que par des essais de ce genre, en procédant avec méthode, que l'on s'habituera avec l'atmosphère et que l'on créera l'aviation.

« La navigation aérienne existe. Les modèles ne manquent pas. Les appareils pour réaliser le *vol à voile* sont simples ; le tout est d'apprendre à s'en servir[1]. »

[1] *Science en Famille*, année 1888, page 17.

Pour ce qui concerne le vol à voile, nous sommes entièrement de l'avis de notre savant confrère, mais, s'il s'agit du *vol ramé*, c'est-à-dire s'effectuant à l'aide d'ailes battantes mises en action par la seule force du volateur, nous différons complètement d'avis et nous pensons que l'homme dispose de trop peu de force musculaire pour agiter des ailes semblables et quitter le sol. D'ailleurs la démonstration en a été faite par le malheureux homme volant de Groof qui se tua à Londres, il y a quelques années, et qui prétendait être le seul moteur de son oiseau artificiel.

Voici la description de l'appareil de de Groof :

C'est un châssis rectangulaire en bois, au milieu duquel le pilote de ce terrible navire se tient debout. Deux ailes, de 10 mètres de longueur chacune, sont fixées à la partie supérieure de ce châssis ; elles tendent à se relever sous l'action de ressorts de caoutchouc, fixés à une pièce de bois qui domine tout l'appareil. L'homme les abaisse en tirant des cordes, et quand il cesse d'agir, les caoutchoucs les relèvent. A l'état de repos, le système doit former parachute, et une troisième palette concave, formant la queue de cet oiseau artificiel, vient s'ajouter aux deux ailes latérales.

Le 9 juillet, l'inventeur faisait l'expérience de son appareil, suspendu sous un ballon, au Cremorne-Garden de Londres.

A la hauteur de 1 000 mètres, il détacha son appareil de la corde qui le maintenait accroché au ballon. Mais il ne put jamais faire fonctionner ses ailes qui se relevèrent verticalement et ne s'abaissèrent plus ; il s'abattit donc comme une masse de cette prodigieuse hauteur et vint se briser sur la chaussée, à Robert-Street (Chelsea). Comme cela s'était produit pour Leturr, autre aviateur, la foule se rua sur les débris de la machine qu'elle se partagea, tandis qu'on transportait le corps de l'infortuné à l'hôpital. Cette ascension était malheureuse de tous points; car il s'en fallut de peu que l'aéronaute lui-même n'eût un destin identique. Lorsque de Groof eut détaché son appareil, le ballon, subitement délesté, ne tarda pas à s'enlever avec une rapidité telle que Simmons perdit connaissance. Quand il revint à lui, il était en pleine descente. Il toucha terre sur un railway près de Springford, de l'autre côté de Victoria-Park, au moment où un train arrivait à toute vapeur. Grâce au dévouement de quelques passants et à la hardiesse avec laquelle le mécanicien fit jouer la contre-vapeur, le malheureux aéronaute échappa à la plus cruelle des morts.

Depuis, les inventeurs ont reconnu que le vol humain, du moins sous cette forme, était une utopie et aucun chercheur n'a eu la tentation de recommencer la terrible expérience de l'homme volant. Les efforts se sont plutôt portés sur les appareils mécaniques à hélices ascensionnelles : spiralifères, hélicoptères, etc.

La première machine volante à hélice est, sans qu'on s'en doute généralement, relativement assez ancienne. Ce fut en 1784, au moment où l'on ne s'occupait que des ascensions aérostatiques de Pilâtre, de Rozier et de Charles et Robert, que deux inventeurs, nommés Launoy et Bienvenu, firent connaître et présentèrent à l'Académie des sciences un dispositif très simple, un *hélicoptère*, formé de deux hélices à quatre ailes dont le moteur était un simple arc de baleine tendu.

Qu'on se figure deux bouchons, dans chacun desquels on a planté quatre plumes d'aile d'un oiseau, de manière à ce qu'elles soient légèrement inclinées comme les ailes d'un moulin à vent, mais dans des directions contraires, ou mieux *opposées* pour chaque groupe. Un axe arrondi et assez long est fixé dans le bouchon supérieur, et il se termine en pointe effilée. En haut du bouchon inférieur, on fixe un arc de baleine avec un petit trou au centre pour laisser passer la pointe de l'arbre. On joint alors les deux extrémités de l'arc par des cordes égales de chaque côté à la partie supérieure de l'axe, et la petite machine est complète. On monte le ressort et on emmagasine une certaine force en tournant les volants en sens contraire, de manière à ce que le ressort de l'arc les déroule, les bords antérieurs étant ascendants ; on place alors sur une table le bouchon supérieur afin d'empêcher le ressort de se détendre ; si on l'abandonne subitement, cet appareil s'élèvera jusqu'au plafond.

Tout le monde connaît un jouet qui consiste à lancer à une certaine hauteur un petit papillon artificiel posé sur une tige légère. Le moteur de ce jouet est une ficelle enroulée autour de la tige et que l'on déroule rapidement. Un officier de marine, M. de la Landelle et M. Ponton d'Amécourt eurent l'idée, en 1863, de substituer à la ficelle de ce jouet, un ressort d'horlogerie et de donner à ses ailes la disposition d'une hélice. Ils obtinrent ainsi de nouveaux appareils, de dimensions aussi exiguës que les premiers, mais portant avec eux leur moteur et pouvant s'élever,

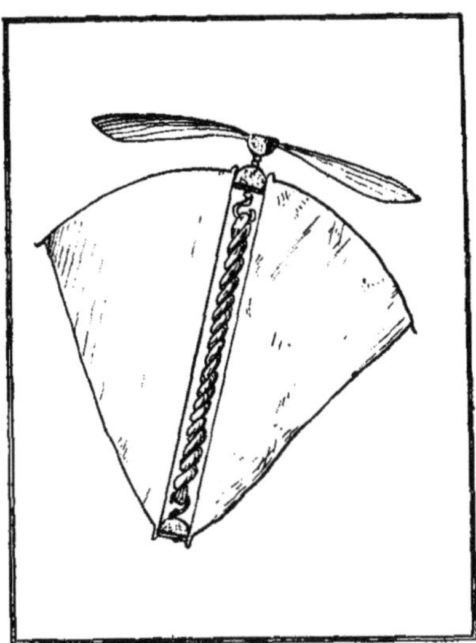

Fig. 62. — Papillon volant à caoutchouc tordu.

sans impulsion extérieure, à la hauteur de 3 ou 4 mètres. Un savant physicien, M. Babinet, les baptisa aussitôt du nom d'hélicoptères. MM. de la Landelle et Ponton d'Amécourt pensèrent que les hélicoptères pouvaient les mettre sur la voie tant cherchée du vol mécanique.

Vers la même époque, Nadar s'occupait avec ardeur d'aérostation. Il était obsédé, surtout, de l'idée d'arriver à la direction des ballons. Son impatience croissait avec les obstacles qu'il rencontrait, lorsque MM. de la Landelle et Ponton d'Amécourt lui firent connaître leurs hélicoptères et les espérances dont ils étaient animés. L'imagination de Nadar s'enflamme aussitôt. Il laisse de côté les ballons, et devient l'un des plus fervents soutiens du *plus lourd que l'air*. Journaux, brochures, conférences, tout lui semble bon pour agiter la question à laquelle il vient de se rallier. Si Nadar ne paraît pas avoir contribué beaucoup aux progrès de l'art dont il se faisait l'apôtre, il a du moins eu le mérite de faire grand bruit autour de l'idée nouvelle, d'attirer sur elle l'attention, d'être, en partie, cause de l'intérêt, toujours croissant, avec lequel certains savants s'en sont occupés depuis.

Depuis l'année 1863 et les travaux retentissants du fameux triumvirat hélicoptéroïdal, il a surgi un grand nombre de projets d'hélicoptères à hélices ascensionnelles, dérivant directement du modèle de M. de Ponton d'Amécourt. Parmi les plus intéressants à étudier, nous citerons ceux de Pomès et de la Pauze (1870); Achenbach (1874);

Hérard (1875) ; Dieuaide (1877) ; Melikoff et Castel (1877).

Dans le premier de tous ces systèmes, celui de Pomès et la Pauze, l'hélice ascensive était disposée sur un axe oblique, de manière à obtenir une montée oblique. La machine actionnant ce propulseur était un moteur à poudre d'une disposition spéciale et qui paraît fort défectueuse. Un gouvernail quadrangulaire complétait l'appareil.

Cette machine, malheureusement, n'a jamais existé que sur le papier.

Il n'en est pas de même de l'appareil que construisit M. Dieuaide, ancien secrétaire de la Société de navigation aérienne. Ce dispositif se composait de deux hélices à larges pales carrées, mises en mouvement par des engrenages et un moteur à vapeur recevant le fluide d'une chaudière restant à terre. Il fut constaté dans les différentes expériences qui furent exécutées avec cette machine que l'hélice double n'était pas susceptible, par suite de la perte de force, de donner une force ascensionnelle de plus de 12 kilogrammes par cheval-vapeur.

Dans le système d'hélicoptère de M. Castel, ingénieur, système qui a été expérimenté plusieurs fois avec un réel succès, le moteur est l'air comprimé qui communique sa force à l'aide d'engrenages, à quatre paires d'hélices, superposées deux à deux et placées côte à côte, les unes tournant en sens contraire des autres. Un accident a mis fin aux expériences. En naviguant en l'air dans un local fermé, l'appareil alla buter contre la muraille où il se brisa. Dans ce dispositif encore, la force motrice, l'air comprimé, restait à terre, emmagasiné dans un réservoir en rapport avec les pistons par un long tube en caoutchouc.

C'est dans le courant de la même année où M. Castel essayait son modèle d'hélicoptère, que le professeur Forlanini, de Milan, fit connaître un appareil plus lourd que l'air mû par la vapeur et de beaucoup supérieur à tous ceux qui l'avaient précédé, car ce fut le seul qui s'enleva de terre, emportant avec lui son moteur et son producteur de force.

L'hélice ascensionnelle, de grande surface, était mise en mouvement par un engrenage d'angle ayant pour but d'augmenter la vitesse de rotation de l'arbre actionné par les pistons. Le mécanisme moteur, analogue à celui d'une machine à vapeur ordinaire, était soutenu et fixé sur une perche horizontale formant de chaque côté la charpente inférieure d'une aile fixe destinée à offrir une grande résistance à l'air. Enfin la vapeur actionnant le mécanisme était comprimée, sous une forte tension, dans une sphère creuse suspendue un peu au-dessous de cette traverse. Un manomètre anéroïde permettait de connaître à tout instant la pression de la vapeur, qui pouvait développer une puissance de 8 à 10 kilogrammètres sur les pistons.

Les épreuves du premier modèle de M. Forlanini furent concluantes. A plusieurs reprises, l'appareil s'éleva dans les airs et il parvint une fois à la hauteur d'une quinzaine de mètres sans que sa vitesse eût rien d'anormal. Il est certainement très regrettable que l'inventeur s'en soit tenu là et qu'il n'ait pas construit un modèle plus grand et plus puissant. Le principe était certainement bon et eût donné des résultats encore plus définitifs.

Nous devons mentionner ici avec les modèles d'hélicoptères construits depuis 1860, les oiseaux mécaniques à vol orthoptère qui ont été imaginés depuis la même époque.

C'est à peu près au moment où Nadar et Babinet lançaient avec tant de fracas leur projet d'autolocomotion aérienne que surgirent nombre d'inventeurs prétendant, avec des appareils imitant la forme des oiseaux, s'élever comme eux dans l'espace. Citons, parmi les premiers venus de ces chercheurs, le comte d'Esterno, Struve et Telescheff, Claudel, Prigent, Dangeard, qui prétendaient faire mouvoir les ailes de leurs appareils avec la seule force humaine.

Ce fut après 1870 que M. Penaud entreprit ses recherches sur le vol des oiseaux et qu'il construisit ses premiers modèles démonstratifs mus par le caoutchouc tordu qui emmagasine une certaine force motrice sous un faible poids. Le premier dispositif qui fut créé par cet ingénieux savant est celui qui est dit *planophore*, et se compose d'une tige droite, supportant plusieurs plans à bords relevés et munie d'une hélice à l'arrière. Ce modèle pouvait parcourir 5 à 6 mètres par seconde pendant tout le temps que le caoutchouc mettait à se dérouler.

Pendant plusieurs années, M. Penaud poursuivit ses intéressantes études et fit connaître successivement plusieurs dispositions d'oiseaux mécaniques, qui tous volèrent avec une certaine rapidité.

En même temps que lui, d'autre constructeurs s'étaient mis à l'œuvre, Pline et Jobert notamment. Jobert expérimenta même, en 1872, deux modèles d'oiseaux mécaniques dont les ailes étaient mues par le caoutchouc tordu et qui

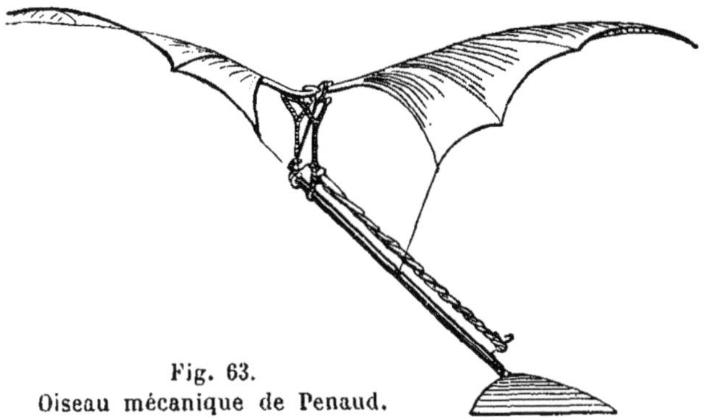

Fig. 63.
Oiseau mécanique de Penaud.

fonctionnèrent parfaitement. Le premier de ces deux modèles avait un axe horizontal avec une queue formée par une surface triangulaire et les ailes changeaient de plan en battant l'air, imitant ainsi la flexion naturelle de l'aile de l'oiseau. Le second appareil avait quatre ailes qui, au rythme du trot, lui permettaient de franchir une certaine distance et de se maintenir en l'air pendant la durée d'action du moteur.

M. le docteur Hureau de Villeneuve, vice-président de la Société française de navigation aérienne, a imaginé en 1875 un système analogue, que nous avons pu voir fonctionner. L'axe de rotation des ailes de cet oiseau mécanique est incliné à 45°. La vitesse de l'appareil est de 9 mètres par seconde en air calme

D'ingénieuses constructions du même genre ont été reprises récemment par un praticien fort habile, M. Pichancourt, qui a fait voler sous nos yeux quelques petits oiseaux mécaniques dont le fonctionnement est très régulier. Nous

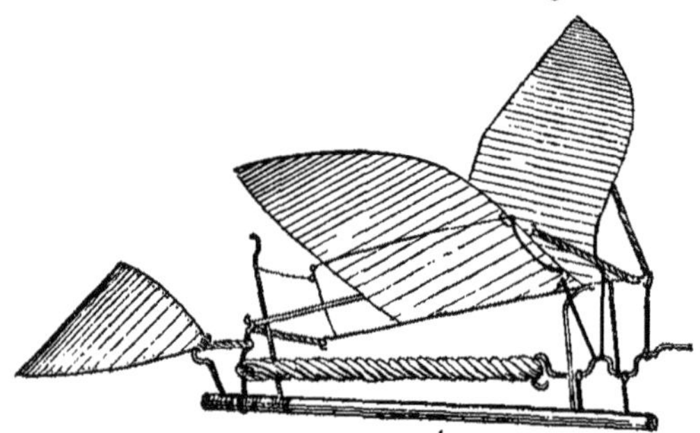

Fig. 64. — Oiseau de Pichancourt.

représentons ci-contre l'un de ses petits modèles, fig. 64; le mouvement des ailes est déterminé par l'énergie emmagasinée dans des lanières de caoutchouc tordues.

Ce petit oiseau mécanique a une envergure

d'ailes de 0,35 ; le ressort de caoutchouc pèse 8 grammes et mesure 0,13 c. de longueur; le poids total du système est de 25 grammes. L'appareil vole en s'élevant légèrement et peut parcourir une vingtaine de mètres. M. Pichancourt est arrivé à construire un oiseau mécanique à ressort de caoutchouc, de dimensions plus considérables, et qui ne pèse pas moins de 675 grammes.

Lancé à la main, cet appareil se serait élevé à 8 mètres au-dessus du sol, et serait tombé à 21 mètres du point de départ, contre un vent contraire de 4 mètres à la seconde.

De petits oiseaux mécaniques de ce genre ne constituent assurément que des jouets ou de petits appareils d'expérience; mais, quand ils fonctionnent bien comme ceux de M. Pichancourt, ils méritent d'être signalés et d'être recommandés aux amateurs de mécanique et d'aviation.

Nous venons de voir trois types bien distincts d'appareils :

Les appareils volant mus par la force humaine ;

Les hélicoptères à hélices ascensionnelles horizontales ;

Les oiseaux mécaniques.

Aucun de ces appareils ne permet d'entrevoir

encore la solution *en grand* de la navigation atmosphérique, du moins en l'état actuel de la science et de l'industrie.

A quel système, à quel dispositif alors faire appel avec quelques chances de succès?...

Selon nous, c'est au *cerf-volant*, et toutes les personnes de bon sens sont avec nous.

En effet, les savants et les chercheurs sérieux qui se sont occupés, depuis le commencement de ce siècle, de l'étude spéciale de la navigation aérienne, tendent à réaliser la translation dans l'espace au moyen d'appareils plus lourds que l'air.

Cette préférence pour les appareils d'aviation s'explique, si l'on considère que le ballon est un flotteur que les grands courants aériens transportent dans leur course comme le bouchon qu'entraîne le fleuve.

Les beaux travaux et les remarquables expériences de Cayley, de Venham, de Moy et Schill en Angleterre, de Marey, Penaud et Arsène Olivier en France, aideront certainement à la solution du problème s'ils ne la précipitent pas. Peut-être ces derniers ont-ils eu le tort de s'attacher d'une façon trop exclusive à l'imitation du vol des insectes et des oiseaux et de négliger l'étude du cerf-volant.

Ce jouet tout simple, qui est entre les mains de tous les enfants et dont raffolent les Japonais, renferme le secret d'une navigation aérienne. C'est avec le cerf-volant que Franklin, plus heureux que Prométhée, a ravi les feux du ciel en faisant descendre la foudre; c'est peut-être encore avec cette voile aérienne qu'il nous sera donné de voir les voyageurs transportés dans les airs et parcourir les plaines immenses de l'atmosphère.

D'ailleurs, l'expérience n'est plus à faire, le voyage en cerf-volant que nous allons raconter le démontre. Ce voyage a été accompli par une intrépide Anglaise. Nous en empruntons le récit à M. Veuhame qui le rapporte dans son célèbre travail sur les lois de *Suspension des corps graves en mouvement dans l'air.*

Voici ce qu'a écrit ce savant ingénieur :

« Le cerf-volant, employé pour obtenir un enlèvement illimité et une force de traction dans certains cas où il peut être d'une application très avantageuse, semble avoir été trop souvent négligé. Quant à sa puissance pour enlever des poids, empruntons au vol. XLI *of the Transactions of the Society of Arts*, la relation suivante qui indique le procédé dont se servait le capitaine

Dansey pour communiquer avec la côte sous le vent :

« Son cerf-volant de neuf pieds, fabriqué en toile de Hollande, était tendu par deux tiges diagonales et mesurait une surface de cinquante-cinq pieds carrés (5^m, 081). Le cerf-volant, par une forte brise, portait 1,005 mètres de ligne de 0,016 de circonférence et en aurait pu porter davantage... La toile de Hollande pesait 1,582 grammes, les traverses 3 kilog. 071, la queue cinq fois plus longue se composait de 3 kil. 640 de cordes et de 14 planches d'ormes pesant ensemble un poids de 10 kilog. 010.

« C'est un fait remarquable que ces 41 kilog. 973 grammes enlevés par une surface ne mesurant pas plus de cinq mètres carrés. »

« Tout nous porte à croire, continue Veuhame, qu'en se servant de cerfs-volants on courrait beaucoup moins de risques qu'avec le ballon de reconnaissance dont on fait encore usage pour les services de la guerre.

« Ces idées ont eu une application pratique, il y a quelques années déjà. Dans un opuscule intitulé : « *History of the chair volant or Kite carriage* », publié par Longmann et Cie, on relève les remarques suivantes :

« Ces voiles légères possédant une puissance considérable, serviront, comme nous l'avons déjà dit, d'observatoires aériens. Elevée dans les airs, une seule sentinelle, à l'aide d'une lunette, pourrait surveiller et signaler l'approche des masses ennemies quelles qu'elles soient, alors même qu'elles seraient encore très éloignées. Elle pourrait remarquer leurs lignes de marche, la composition et la puissance générale de leurs forces, longtemps avant d'être aperçue par l'ennemi. »

Et maintenant nous voici au voyage en cerf-volant dans les airs :

« On ne possédait encore aucune expérience de quelque valeur pour ainsi dire, lorsqu'on tenta d'enlever ou de déplacer de grands poids. Pendant que nous sommes sur ce sujet, nous ne devons pas oublier de rappeler que la première personne qui s'éleva dans les airs au moyen d'un cerf-volant fut une femme dont on ne saurait nier le grand courage. Après avoir placé un fauteuil sur le sol, on diminua le cordage du cerf-volant en larguant la plus petite attache ; on lia fortement la chaise à la plus longue et la dame y prit place. Lorsqu'on déroula la corde, la voile immense et légère s'éleva dans les airs en emportant son précieux fardeau, et continua à monter jusqu'à la hauteur de 91 mètres. Après sa descente, la dame exprima le grand plaisir que lui avaient procuré le doux balancement du cerf-volant et le coup d'œil ravissant dont elle avait joui. »

Bientôt le fils de l'inventeur répéta cette expérience avec autant de hardiesse que de bonheur; il s'agissait d'escalader, à l'aide de cette puissante machine aérienne, le sommet d'une falaise à pic et de soixante et un mètres de hauteur.

Ici, après avoir pris pied sur la hauteur sans accident, l'expérimentateur prit de nouveau place dans un fauteuil *ad hoc*, s'éleva une seconde fois dans les airs et, détachant la ligne-anneau qui maintenait la chaise après le cerf-volant, il prit terre en se laissant glisser doucement le long du cordage jusqu'à la main du directeur de l'appareil.

La voile légère employée en cette circonstance était faite en grosse toile ; elle avait neuf mètres de hauteur et une largeur proportionnée.

L'enlèvement de la machine avait été des plus majestueux ; rien ne pouvait surpasser la régularité de sa manœuvre, la précision et la sûreté avec laquelle elle obéissait à l'action des lignes, et la facilité avec laquelle sa force était diminuée ou accrue...

Ces voyages aériens furent suivis d'une expérience encore plus neuve et des plus hardies. Une voiture avec une charge considérable fut entraînée par le cerf-volant qui enlevait en même temps dans les airs un observateur. C'était presque la réalisation du vol...

Dans le cours de ces dernières années, des expériences des plus curieuses ayant pour but le remplacement des ballons captifs ordinairement employés à la guerre par des cerfs-volants seuls ou accouplés ont été exécutées au polygone de Vincennes par un ouvrier cordier nommé Maillot. Ainsi que le représente notre gravure (fig. 65), le cerf-volant, qui ne mesurait pas moins de 78 mètres carrés, était de forme octogonale. Un cordage fixé à un piquet et attaché à une poulie roulant sur un câble lâche fixé à la tête et à l'arrière du cerf, maintient l'appareil, tandis que deux *guides* attachés à des points perpendiculaires sont tenus par deux aides et assurent la stabilité.

Plusieurs fois M. Maillot a eu le courage de se laisser enlever par son appareil jusqu'à bout

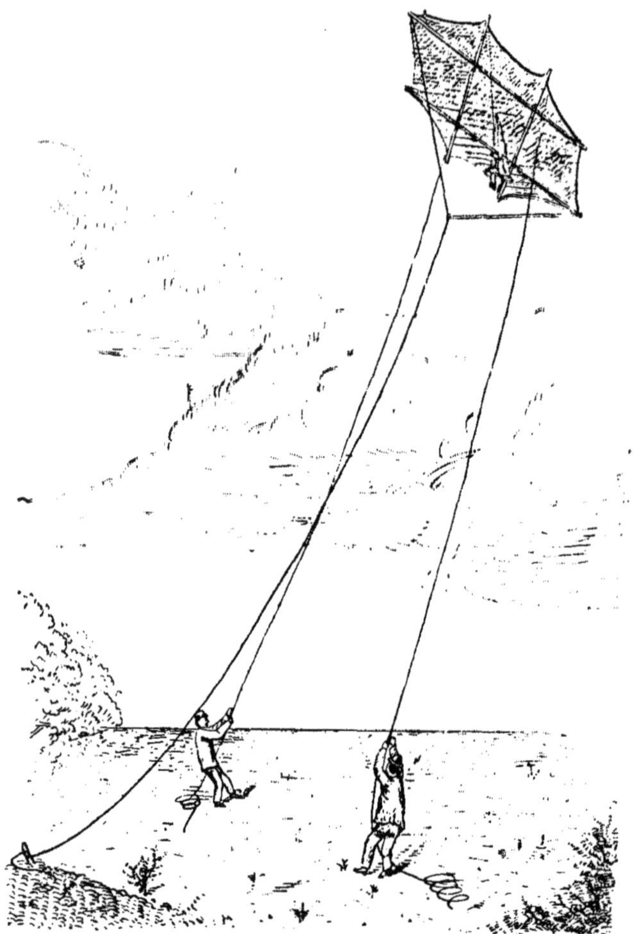

Fig. 65. — Cerf-volant de M. Maillot.

de câble, c'est-à-dire à plus de cent mètres au-dessus du sol. Par le jeu de deux cordelles, il parvenait à régler l'inclinaison du plan opposé au vent, et à se maintenir stationnaire et en équilibre, sans aucun danger de chute dangereuse, le cerf-volant faisant office de parachute et redescendant lentement et sans secousses jusqu'à l'endroit de son départ.

Le premier *aéroplane*, ou cerf-volant libre di-

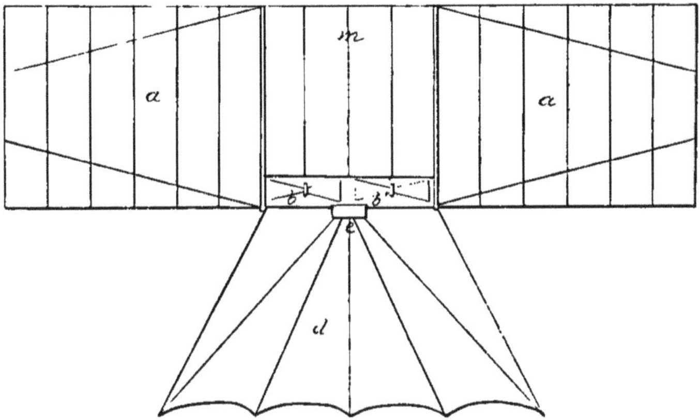

Fig. 66. — Aéroplane de Henson.
aa, plans de support. — *bb*, hélices. — *d*, gouvernail vertical.

rigeable date de l'année 1843, et est du à un nommé Henson. Le trait principal de cette invention consistait dans le développement des plans de support, qui étaient plus grands, en proportion du poids à élever, que celui de beaucoup d'oiseaux. La machine avançait, *son bord antérieur faiblement élevé*, ce qui avait pour effet de présenter sa surface inférieure à l'air sur lequel elle passait, lequel, par sa résistance, agissait sur elle comme un vent fort sur les ailes d'un moulin à vent et empêchait la descente de la machine et de sa charge.

La suspension du tout dépendait donc de la *vitesse avec laquelle il voyagerait à travers l'air* et de l'*angle suivant lequel sa surface inférieure rencontrait l'air en avant.*

La machine toute prête à voler était lancée sur un plan incliné, elle atteignait en le descendant une vitesse suffisante pour la soutenir dans sa progression.

Cette vitesse devait se trouver détruite peu à peu par la résistance de l'air ; la machine à vapeur, activant des palettes, obviait à cet inconvénient.

L'appareil consistait en un chariot contenant des marchandises, des passagers, la machine et le combustible, etc., auquel était attaché un grand cadre en bois ou en bambou, couvert de taffetas ou de soie huilée. Ce cadre s'étendait de chaque côté du chariot comme les ailes ouvertes d'un oiseau et restait immobile. A l'arrière se trouvait un gouvernail ; des roues devaient agir sur l'air à la manière d'un moulin à vent. La quantité de toile ou de taffetas tendue pour supporter la machine était égale à un pied carré pour chaque demi-livre.

Wenham proposa de superposer ces plans de résistance en les réduisant de surface. Ils devaient être inclinés et mus par des hélices verticales.

Stringfellow, en 1868, édifia un modèle d'aéroplane à trois plans de glissement ; les deux hélices de traction étaient mues par une machine à vapeur.

On compte de nombreux systèmes d'aéroplanes, depuis cette époque ; cependant, on doit reconnaître que le seul qui ait réellement bien fonctionné, est celui de l'ingénieur Victor Tatin. Ce modèle avait pour moteur une petite machine à air comprimé actionnant deux hélices de traction.

Cet appareil a été expérimenté à Meudon en 1879 et a valu à son constructeur des encouragements de plusieurs savants.

Depuis cette époque, nous ne connaissons aucune tentative méritant d'être prise au sérieux, pas même le *sustentateur à persiennes* du capitaine Renard, qui a modestement appelé cet appareil *parachute dirigeable* (fig. 68).

Personnellement, nous avons essayé de nous former une opinion sur les appareils existants

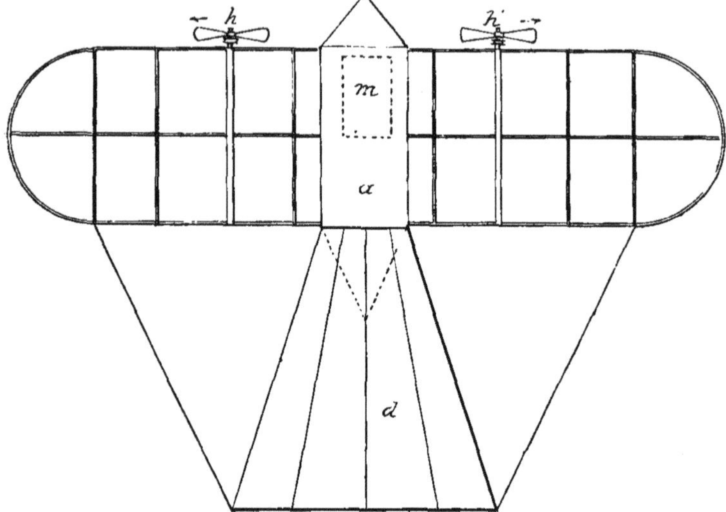

Fig. 67. — Aéroplane de Tatin.
a, réservoir à air comprimé. — *d*, queue. — *h h'*, propulseurs.
m, emplacements du moteur.

et, si le lecteur veut bien nous le permettre, nous lui exposerons rapidement les résultats que nous avons atteints.

Après avoir abandonné le système de l'hélicoptère, qui n'est réalisable qu'à la condition de

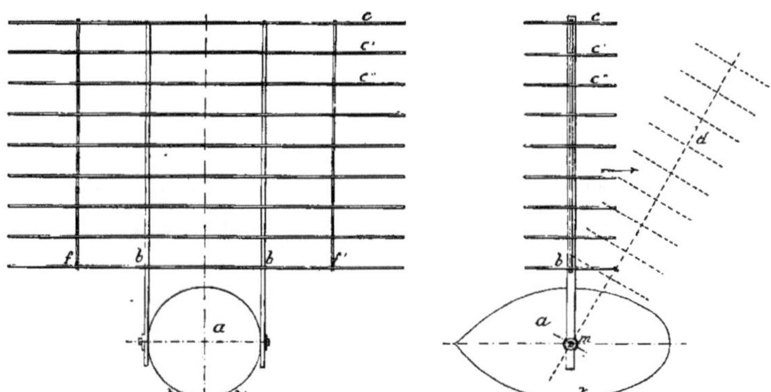

Fig. 68. — Parachute dirigeable du commandant Renard. — Face et vue de côté.
a, corps. — *b*, montants. — *c*, *c'*, lames. — *d*, inclinaison maximum de l'axe. — *tt*, patins de glissement.

l'actionner avec un moteur à très grande vitesse, fort léger et fort puissant, nous avons successivement construit plus de dix modèles d'aéroplanes de formes variées. Nous sommes arrivés aux résultats scientifiques suivants :

1° La *forme* rationnelle de l'aéroplane est celle d'un oiseau les ailes étendues. Sa largeur doit être égale, et plutôt même inférieure à sa longueur. La toile ou l'étoffe composant les plans ne doit pas former un plan rigide, comme serait un châssis, mais avoir au contraire un certain lâche, de manière à pouvoir prendre la forme *concave* à la descente ;

2° La surface des plans ne croît pas comme les poids à enlever, ainsi que cela arrive avec le parachute. Un aéroplane avec des ailes de vingt mètres carrés est grandement suffisant pour enlever un homme. On peut le charger jusqu'à 6 ou 8 kilog. par mètre carré ;

3° Le point d'attache du ou des propulseurs n'est nullement sur le plan lui-même et M. Tatin s'est absolument trompé dans sa construction, c'est du moins le résultat de nos expériences. Il est un point fondamental qu'il ne faut pas perdre de vue : c'est que l'axe de l'hélice propulsive doit être *indépendant* de l'appareil, de façon à *demeurer constamment horizontal*, tandis que l'inclinaison de l'aéroplane varie continuellement suivant la résistance qu'il rencontre à l'avancement. Cette disposition peut être obtenue très facilement en montant la nacelle, contenant moteur et propulseur, sur deux tourillons dans un vide au centre de gravité de l'appareil.

La force motrice nécessaire pour faire tourner le ou les propulseurs n'a pas à être exagérée. Deux chevaux-vapeur par 100 kilogrammes de poids à traîner paraissent suffisants. Il suffit d'avoir une certaine vitesse de rotation pour communiquer à l'ensemble une vitesse de traction minimum de 10 mètres par seconde, soit 36 kilomètres à l'heure.

Evidemment, bien des points restent à élucider, et nous sommes en cela de l'avis des aviateurs sérieux : c'est à la pratique de parler ; c'est en plein air qu'il faut étudier les différents points du problème et non dans le silence du cabinet. Il faudrait apprendre l'aviation comme on apprend la natation, et, procédant du simple au composé, après avoir répété les différentes manœuvres du vol à voile, on adapterait un moteur et un propulseur à l'appareil pour lui donner une puissance et une vitesse considérables. L'industrie est capable de fournir ce moteur et ce propulseur dans les conditions de poids et de volume rentrant dans les termes de la question et, réellement, ce n'est plus maintenant, comme le dit M. Robert Guérin, qu'une affaire d'exercice et d'apprentissage, bien moins que d'argent ou de technologie pure.

C'est avec l'aéroplane à moteur que l'on arrivera le plus facilement à la conquête de l'atmosphère.

Nous donnons ci-contre la vue (fig. 69 et 70), en plan et de côté, d'un aéroplane dont nous avons expérimenté un modèle en 1890. Une nacelle, en forme d'œuf coupé suivant son grand axe, était suspendue par des tourillons au centre de gravité d'un vaste plan en forme de cerf-volant, et muni d'une queue mobile à l'arrière. Cette nacelle portait à son avant une hélice de traction à deux palettes de 3 mètres de pas, et elle roulait sur trois roues légères dont une, celle de l'avant, était mobile comme dans les tricycles.

Dans le petit modèle que nous avons essayé, le moteur de l'hélice était un simple caoutchouc tordu, du poids de 500 grammes, et qui actionnait le propulseur à raison de 300 tours par mi-

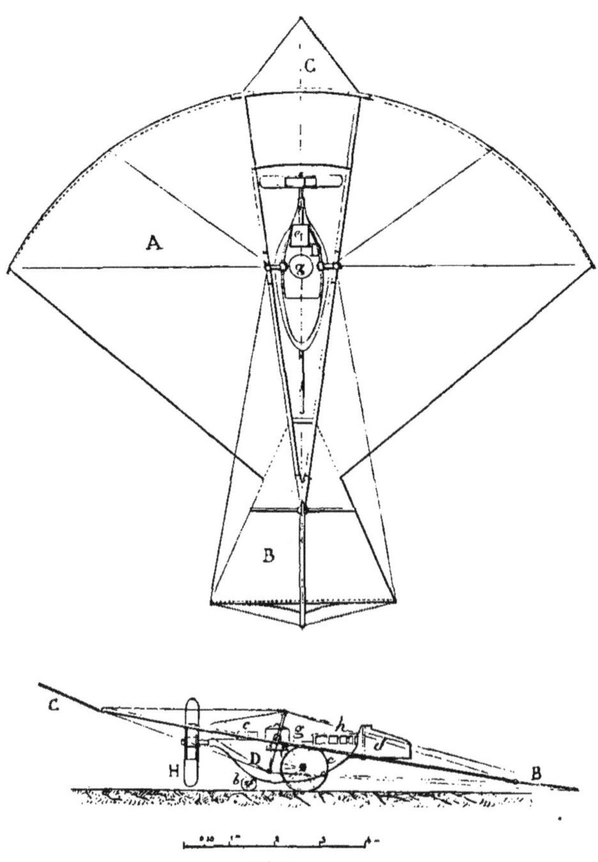

Fig. 69 et 70. — Aéroplane à moteur, plan et élévation de côté.

A, côtés. — B, queue. — C, tête. — D, nacelle. — *e*, moteur. *g*, générateur. — *d*, gouvernail. — H, propulseur. — *b*, roue directrice.

nute. Ainsi que cela a été mesuré, le faisceau de lanières de caoutchouc pouvait emmagasiner 150 kilogrammètres dépensés en deux minutes et demie, soit 1 kilogrammètre par seconde environ. Les résultats ont été négatifs, cette force étant insuffisante pour produire l'entraînement du départ, vu surtout la grandeur et le poids de l'appareil.

Dans le type représenté à l'échelle par la figure 67, le moteur que nous avons choisi est le gaz acide carbonique liquéfié, qui présente l'avantage de ne peser que 25 kilogrammes par cheval-vapeur, approvisionnements compris, pour une marche de plusieurs heures. Le tout pèse 180 kilogrammes et l'aéroplane présente une surface suffisante pour former un parachute efficace en cas d'arrêt subit de la machine au milieu de l'espace [1].

Nous ne savons ce qu'un semblable appareil expérimenté en plein air donnera de résultat, mais cela pourra être un acheminement vers le véritable aéroplane dirigeable.

La personne qui nous semble s'être approchée

[1] Voyez, pour plus de détails sur le moteur à acide carbonique, nos livres les MOTEURS, 2e édition, et la NAVIGATION AÉRIENNE, résumé.

de plus près de la vérité est M. Goupil, qui a édifié un aéroplane dont nous donnons plusieurs vues (fig. 71, 72 et 73), et lequel est basé sur l'observation judicieuse du vol des oiseaux.

Le savant aviateur dit avoir cherché à réa-

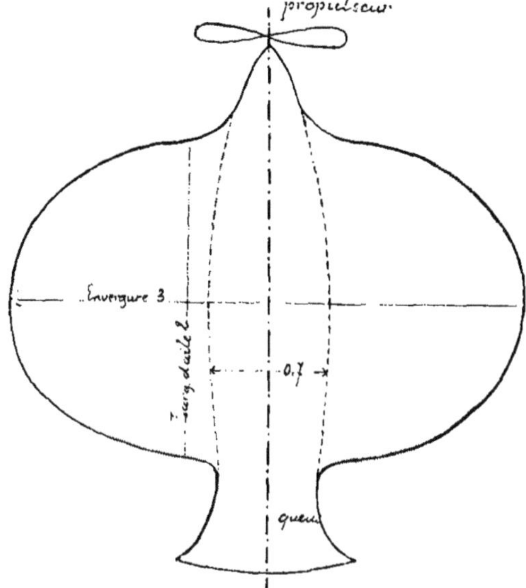

Fig. 71. — Plan de l'aéroplane Goupil.

liser dans cet appareil les conditions suivantes, qui paraissent être les lois fondamentales de la construction d'un aéroplane :

1° Réduire l'envergure pour obtenir une solidité suffisante, et ramener sensiblement toutes les surfaces dans un cercle, afin de former un parachute convenable ;

2° Il est nécessaire d'avoir des ailes fixes grandes et étroites pour la stabilité et la sustention ; il faut de la concavité dans les ailes et du cône dans les deux sens du corps ;

3° Il faut opérer par traction sur l'appareil et non par refoulement ;

4° Il faut que le corps de l'aéroplane soit assez volumineux et plus fort en poupe qu'en proue.

Les figures 70, 71 et 72 donnent donc les proportions des trois dimensions que le tableau suivant résume :

Envergure.	3
Largeur d'ailes.	2
Largeur du corps	0,7
Hauteur du corps	0,5
Longueur de proue	1
Longueur de poupe	2
Cône transversal.	0,6
Inclinaison de la ligne dorsale . . .	1/20
Inclinaison du plan des ailes. . . .	1/7
Concavité	0,15

L'exactitude de plusieurs de ces lois nous a été démontrée au cours de nos essais et de nos études personnelles, et nous insistons surtout sur la solidité, la traction, et la concavité des ailes. L'aéroplane plan est d'une solution plus difficile, car il demande plus de force motrice et il manque de stabilité.

Comme force motrice, M. Goupil préconise une machine à vapeur à condensation de son

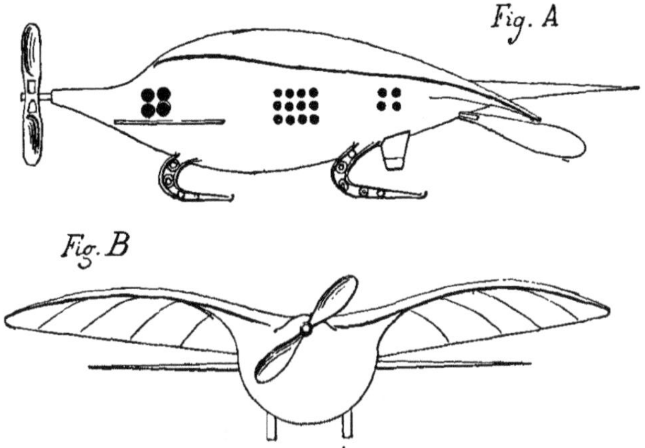

Fig. 72 et 73. — Aéroplane Goupil.
A, élévation de côté. — B, vue de face, propulseur de l'avant.

système ; mais, ainsi qu'on le verra à l'*Appendice*, la machine à vapeur n'est plus le moteur léger par excellence, et on peut trouver mieux, soit en électricité, soit en gaz [1].

[1] Voyez le livre de M. Goupil : LA LOCOMOTION AÉRIENNE, étude. A la Librairie Polytechnique Baudry et Cie.

Pour enlever un homme, l'auteur arrive à établir les chiffres que voici :

Poids total . . .	110 kil.	Travail faible . .	20 kgm.
Surface totale . .	18 mc	Travail maximum	40 kgm.
Envergure. . . .	5	Poids du moteur.	25 kil.
Largeur du corps	1,3	Vitesse minima. .	5 à 7 m
Hauteur du corps	0,85	Poids de l'aéroplane seul.	25 kil.

Les surfaces ont été portées en double de celles qui résulteraient de la loi naturelle des planeurs animés, afin de diminuer le travail de propulsion en réduisant la vitesse. Le travail faible indiqué est celui qu'il faut dépenser en air calme pour donner la vitesse de 5 à 7 mètres par seconde, nécessaire à produire l'équilibre complet du poids total. Le travail maximum est celui que les machines devront fournir pour augmenter la vitesse, s'élever suivant une rampe plus ou moins forte, ou pour donner la traction énergique indispensable au départ. Ce départ sera favorisé et facilité si l'aéroplane roule sur un terrain en pente ou si un courant d'air existe et vient s'engouffrer sous les ailes.

Il y a là tout un vaste champ d'études qui peut et doit séduire tous les amateurs de navigation aérienne, et c'est dans la manœuvre répétée des appareils que nous venons de décrire, que réside la véritable solution pratique de la navigation aérienne que les aérostats ne peuvent nous donner, ainsi que le constate le commandant Renard dans la préface de sa brochure sur les *Piles légères*.

Mais avant d'arriver à manœuvrer des appareils semblables, il faudra faire un apprentissage assez long ; car nous croyons, avec toutes les personnes qui ont approfondi la question, que la solution du problème de la navigation atmosphérique est tout entière dans la pratique du vol à voile, puis de l'aéroplane à propulseur étudié en plein air par des amateurs dévoués.

Or, on pourrait arriver promptement à de bons résultats par la création d'une société scientifique se composant d'amateurs et de jeunes gens, et, ayant pour objectif l'aviation par les procédés rationnels que nous avons décrits. On trouvera à l'*Appendice*, le développement de cette idée appelée certainement au succès, surtout en France où l'on compte des milliers de sociétés d'exercices de la jeunesse.

Espérons donc que notre pays, berceau de l'aérostation et patrie des premiers conquérants de l'air, verra surgir, avant la fin du XIXe siècle déjà si brillant, le premier appareil dirigeable de vol aérien, à bord duquel on pourra répéter la devise des humanitaires de 1789 : Il n'y a plus de frontières ! C'est là notre vœu le plus ardent, notre désir le plus cher, et c'est dans le but de hâter l'avènement de ce nouveau progrès, que nous apportons notre petite pierre à l'édifice commencé par les premiers aviateurs, heureux si les documents nouveaux que nous avons pu récolter peuvent être de quelque utilité aux personnes qui entrevoient le moment glorieux où la navigation aérienne sera un fait accompli pour la gloire de la France et le bonheur de l'humanité.

APPENDICE

DOCUMENTS DIVERS SUR L'AÉROSTATION

A

VITESSE EXTRAORDINAIRE DE QUELQUES BALLONS

En 1810, Garnerin fit 36 mètres par seconde, soit 129 kilomètres à l'heure.

En 1868, Fonvielle et Tissandier parcoururent 35 lieues en une heure.

En 1870, le *Louis-Blanc*, ballon-poste, franchit 65 kilomètres à l'heure.

En 1870, le *Garibaldi*, ballon-poste, franchit 90 kilomètres à l'heure.

En 1870, l'*Égalité*, ballon-poste, franchit 92 kilomètres à l'heure.

En 1870, la *Ville-d'Orléans*, ballon-poste, franchit 96 kilomètres à l'heure.

En 1870, le *Général-Chanzy*, ballon-poste, franchit 128 kilomètres à l'heure.

En 1870, la *République-Universelle*, ballon-poste, franchit 133 kilomètres à l'heure.

En 1850, le *Nassau*, de Green, fit 64 mètres par seconde, ou 230 kilomètres à l'heure.

B

ASCENSIONS A GRANDE HAUTEUR

Gay-Lussac, seul, atteignit en 1804 l'altitude de	7,016 m.
Barral et Bixio, en 1850, arrivèrent à	7,039
Robertson et Lhoëst	7,400
Glaisher et Coxwel, en août 1862	7,208
Welsh et Green	6,900
Sivel et Crocé-Spinelli, en 1874	7,400
Glaisher et Coxwel, septembre 1863	8,850
Sivel, Tissandier, Crocé-Spinelli	8,600
Jovis (ascension du *Horla*)	7,100

C

MARTYROLOGE AÉROSTATIQUE

Liste complète des aéronautes qui, depuis 1783, se sont tués en ballon ou à l'atterrissage.

1785 Pilâtre de Rozier et Romain, à Boulogne-sur-Mer.
1819 Mort de Mme Blanchard à Paris.
1801 Mort d'Olivari, à Orléans (incendie de la montgolfière).
1806 Mort de Mosment à Lille.
1812 Zambeccari se tue à Bologne.
1812 Bittorf se tue à Manheim.
1824 Sadler s'assomme à la descente, à Bolton.
1840 Leturr (homme volant) est tué à Londres.
1846 Cocking, à Londres (chute de 1,200 mètres de haut).

1847 Emma Verdier est trouvée asphyxiée dans sa nacelle.
1850 Goulston, en Amérique (chute.)
1850 Georges Gale se tue à Bordeaux (chute.)
1850 Harris, à Londres (la soupape ne s'étant pas refermée).
1854 Arban disparaît dans les Pyrénées.
1858 Deschamps, en France.
1863 Donaldson et Grimwood se tuent en Amériqne.
1870 Prince et Lacaze, marins, perdus en mer.
1873 Mort de la Mountain à Iowa (États-Unis).
1874 Mort de l'homme volant de Groof, à Londres.
1874 Braquet tombe de son trapèze, à Royan.
1874 Wilbury tombe de sa montgolfière à Indiana.
1875 Asphyxie à 8,600 mètres de Crocé-Spinelli et Sivel.
1876 Triquet fils s'assomme à Issy pendant l'atterrissage.
1879 Petit tombe de 600 mètres de haut, au Mans.
1879 Mort du gymnasiarque Hill, à Falborough (chute).
1880 Charles Brest se noie dans la Méditerranée.
1880 D'Armentières se noie dans la Méditerranée.
1880 Navarre tombe de sa montgolfière à Courbevoie.
1881 M. Powel disparaît avec le ballon le *Saladin*.
1883 Mayet, à Madrid, tombe de sa montgolfière.
1883 Laurens se tue à Philadelphie.
1885 A Charlestown, Clarence Williams brûle en montgolfière.
1885 Jules Eloy se perd en mer.
1885 Gower se perd en mer.
1886 Le Russe Sachs, à Helsingford, se perd en mer.
1886 Ledet se noie dans le lac Ladoga.
1887 A Oskalossa, William Andrews tombe sur un toit et se tue.
1887 Edward Clarage, à New-York, tombe de sa montgolfière.

1887 Lhoste et Mangot se noient dans la Manche.
1887 A Saint-Louis, Infantes est empalé en montgolfière.
1888 Castanet tombe de sa montgolfière et se tue.
1888 Le comte Pedrowski tombe dans le lac Andolgala (Brésil).
1889 Charles Leroux se tue en tombant de parachute.
1889 S. Allen, à Honolulu, tombe de ballon et est dévoré par les requins.
1889 Hogan se perd dans l'Atlantique en essayant un ballon dirigeable.

Tels sont les principaux accidents ayant amené mort d'homme, et que les ballons ont causés. On compte 30 aéronautes tués en tombant, 15 noyés ou perdus en mer, 3 asphyxiés en l'air, 3 brûlés par leur ballon, soit 51 personnes en tout. Ce chiffre, quelque élevé qu'il paraisse, est loin cependant d'égaler celui des accidents causés par tous les autres moyens de locomotion. En effet, on compte 1 mort et 3 blessés seulement par 500 ascensions, et encore sont-ce toujours des victimes d'imprudences ou de témérités ; il périt beaucoup plus de voyageurs, comparativement, dans les bateaux et chemins de fer. L'aérostation n'est donc pas aussi meurtrière qu'elle le paraît au premier abord.

D

ASCENSIONS DE LONGUE DURÉE

Le *Nassau*, de Londres au duché de Nassau, 600 kilomètres en 12 heures.

Ascension de M. Flammarion, de Paris à Spa, 660 kilomètres en 15 heures.

Ascension de M. Flammarion, de Paris à Angoulême, 500 kilomètres en 12 heures.

Voyage de M. Marsoulan, de Paris à Toucy (Yonne), 140 kilomètres en 18 heures.

Voyage du ballon le *Géant*, en Hanovre, 370 lieues en 13 heures.

Ascension de Godard, de Paris à Ostende, 450 kilomètres.

Voyage du ballon la *Ville-d'Orléans*, de Paris en Norwège, 1 800 kilomètres, la plus grande ascension qui ait été exécutée.

Ascension du *Zénith*, de Paris à Arcachon; 680 kilomètres en 22 heures 40.

Traversée de la Manche d'Angleterre, en France, par Blanchard, en 1785.

Traversée de la Manche d'Angleterre en France, par Green et Monk Mason, en 1850.

Traversée de la Manche d'Angleterre en France, par John Simmons, en 1884 ; descente à Arras.

Traversée de la Manche d'Angleterre en France, par Burnaby, en 1884 ; descente à Dieppe.

Première traversée de France en Angleterre, par Lhoste, en 1885.

Deuxième traversée de Cherbourg à Londres, par Lhoste et Mangot en 1886.

E

SOCIÉTÉ FRANÇAISE THÉORIQUE ET PRATIQUE D'AVIATION

PROJET DE STATUTS

ARTICLE. PREMIER. — Cette Société est fondée dans le but d'étudier théoriquement et pratique ment la navigation aérienne au moyen d'appareils plus lourds que l'air.

ART. 2. — La Société se compose : 1° de *membres honoraires ;* 2° de *membres actifs ;* 3° de *membres participants* et d'*élèves*.

ART. 3. — Sont membres honoraires les personnes qui ont fait un don à la Société, qui l'ont aidée de quelque façon que ce soit, ou qui ont travaillé aux questions dont s'occupe la Société.

ART. 4. — Les membres actifs paient une cotisation mensuelle de » fr. Ils choisissent parmi eux le comité d'administration de la Société et les commissions chargées de l'organisation des travaux. Ils doivent être Français et majeurs.

ART. 5. — Les membres correspondants sont les personnes habitant les départements ou l'étranger. Ils paient une cotisation annuelle de » fr. Ils prennent part aux votes par correspondance aux travaux actifs de la Société.

Art. 6. — Les élèves forment dans la Société un corps spécial sous la direction d'un membre du comité d'administration.

Ils assistent aux séances, cours, conférences et aux manœuvres pratiques, mais ne prennent pas part aux votes. Ils construisent les appareils d'étude d'aviation et procèdent aux essais des modèles sous la direction des commissions. Ils sont exempts de cotisations mais sont tenus de se fournir à leurs frais de l'uniforme fixé par la Société. Enfin ils doivent être Français et âgés de seize à vingt ans.

Art. 7. — Les membres actifs réunis en assemblée générale annuelle choisissent parmi eux le comité charger de gérer les intérêts de la Société pendant une année.

Art. 8. — Le comité se compose de dix membres : un président, deux vice-présidents, un secrétaire général, deux secrétaires-adjoints, un trésorier, deux assesseurs et un censeur, rééligibles.

Art. 9. — Le comité se réunit sur convocation de son président, afin d'étudier, de discuter les projets qui lui sont soumis, de préparer l'ordre du jour des séances. Mais il ne peut, seul, prendre aucune décision ni trancher aucune question.

Art. 10. — Les membres actifs, honoraires et les élèves se réunissent en séance mensuelle le premier jeudi de chaque mois. A la séance d'avril se tient l'assemblée générale, qui vote l'élection du comité, les radiations d'office, l'emploi à faire des fonds en caisse, et, au besoin, la dissolution de la Société, à la majorité des $\frac{4}{5}$ des votants.

Il n'est pas besoin d'ajouter que ces statuts sont un simple projet, et l'auteur recevra avec reconnaissance tous les avis que les lecteurs pourront lui donner à ce sujet, dans l'espoir qu'un faisceau de bonnes volontés, prêtes à se grouper dans un but désintéressé de progrès, accepteraient le rôle d'organiser ces fructueuses études.

F

APERÇU DES PRIX D'UN AÉROSTAT ET DU MATÉRIEL

Ainsi qu'on a pu le voir, le prix de revient d'un mètre carré d'étoffe est le suivant :

Soie ou taffetas	10 francs
Ponghée ou soie de Chine	3 fr. 50
Toile de lin	2 fr. 50
Coton, percale ou madapolam	1 fr. 25

Par suite, on peut connaître le prix de l'étoffe d'un ballon de cube quelconque, dont on connaît également la surface.

La couture des fuseaux coûte de 15 à 35 centimes le mètre courant.

Le vernissage revient à 15 centimes le mètre carré et par couche pour la soie à 20 centimes pour le ponghée, 30 centimes pour la toile de lin et 40 centimes pour le coton.

Le filet, et en général toute la corderie, se paie au poids, de 2 à 15 francs le kilogramme. Quand on construit soi-même, on compte qu'un filet revient à 50 centimes environ par mètre cube du ballon qu'il doit envelopper.

Une nacelle vaut de 50 à 200 francs, selon sa grandeur.

Les soupapes sont tarifées à 1 franc du centimètre de diamètre.

Les ancres et grappins coûtent dans les 3 à 4 francs le kilogramme.

Un cercle se paye de 20 à 80 francs, suivant

le diamètre. Pour le prix total du matériel, il s'élève aux sommes ci-dessous :

Ballon de 350 mètres cubes	soie	2 000	francs
	ponghée	1 500	—
	coton	1 100	—
Ballon de 500 mètres	ponghée	2 800	—
	coton	1 500	—
Ballon de 1,200 mètres	ponghée	4 500	—
	coton	2 400	—

Nous construisons nous-mêmes à ce prix tous les ballons qui pourront nous être commandés par nos lecteurs.

G

LES MOTEURS LÉGERS POUVANT ÊTRE EMPLOYÉS EN NAVIGATION AÉRIENNE

Il existe plusieurs variétés de moteurs que l'on peut utiliser pour la direction aérienne.

I. *Machines à vapeur*. — Les types de machines à vapeur les plus légers et que l'on trouve actuellement dans l'industrie sont : 1° celui de Dutemple, qui a été adopté par la marine française pour les torpilleurs ; 2° l'*Automatic Westinghouse* à simple effet ; 3° le moteur Jacomy à cadres, et 4° la *cycle-turbine* Parsons, dont la vitesse de régime est de dix mille tours en moyenne à la minute. Quant aux générateurs fournissant le fluide à ces moteurs, les plus perfectionnés sont ceux de Dion-Trépardoux et de Serpollet. Les chaudières Dion-Trépardoux pèsent 10 kilogrammes par cheval-vapeur. Elles sont à circulation comme celles de Dutemple. Le *tube Serpollet*, en forme d'escargot, est plongé dans un feu ardent et il fournit de la vapeur à très haute tension. Le tube fournissant assez de vapeur pour alimenter une machine d'un cheval, pèse 35 kilogrammes.

II. *Moteurs à gaz, à pétrole et à air chaud.* — Ce sont des appareils très lourds, exigeant des volants énormes, mais qu'on pourrait peut-être alléger. Il n'y a presque pas de différence de poids entre eux, et la moyenne paraît être de 350 kilogrammes par cheval-vapeur. Le grand avantage de ces machines, le seul qui peut leur donner de l'avenir, réside dans le faible poids d'approvisionnement qu'elles exigent. En effet, tandis qu'une machine à vapeur consomme 20 kilogrammes de vapeur par heure et par cheval, et brûle en même temps 2 kilogrammes au moins de combustible, le moteur à gaz brûle un mètre cube d'hydrogène bicarboné, le moteur à pétrole 650 grammes de gazoline et le moteur à air chaud 2 kilogrammes de coke. La différence est assez sensible.

III. *Moteurs électriques.* — Pour la navigation aérienne on ne peut employer, comme générateur de courant, que les piles ou les accumulateurs. La pile la plus légère qui soit connue est celle du commandant Renard, qui pèse 24 kilogrammes par cheval. Comme accumulateurs, ceux de Commelin-Desmazures et Baillehache

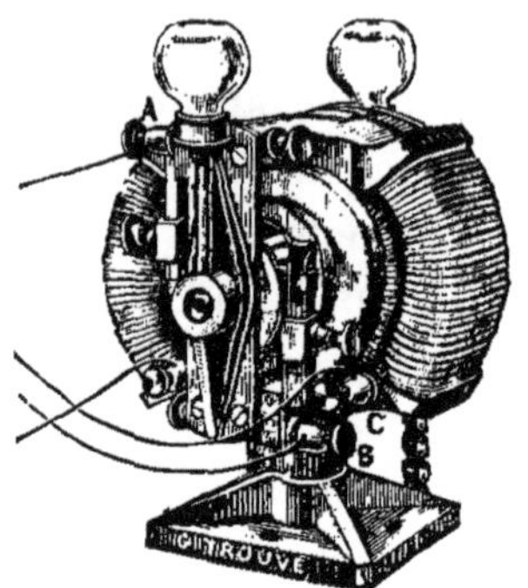

Fig. 74. — Moteur dynamo Trouvé.

au zinc présentent aussi une légèreté assez grande. Ils pèsent 87 kilogrammes par cheval-heure. Quant au moteur dynamo, les types les moins lourds sont ceux de Trouvé (15 kilogrammes par cheval) et ceux de Krebs (15 kilogrammes). La figure ci-contre donne l'aspect du moteur industriel de G. Trouvé. Cet électricien a même pu édifier des appareils développant 2 kilogrammètres sous un poids de 90 grammes, ce qui met le poids d'un moteur d'un cheval à 3 kil. 500 en remplaçant le fer de la machine par l'aluminium, à l'exception des pièces polaires.

TABLEAU COMPARATIF DE LA LÉGÈRETÉ DES MOTEURS

TYPES	Poids par cheval.	Approvisionnements 1 heure.	Cheval Heure.	TYPES	Poids par cheval.	Approvisionnements 1 heure.	Cheval Heure.
Machines de torpilleur. . . .	27	23	50	Moteur à pétrole Tenting . . .	200	650	200-650
Chaudière Dion et Cycle-Turbine.	30	25	55	Moteur électrique Renard .	40	»	24
Machine Serpollet	40	25	65	Moteur système Trouvé . . .	60	20	80
Moteur à gaz Otto.	300	1 mc.	»	Moteur avec accessoires Baillehache. .	87	»	87
Moteur à air chaud	350	2 ki.	352				

Le lecteur peut ainsi tirer une conclusion d'après ces chiffres. M. le commandant Renard, dans sa brochure sur les *Piles légères*, dit que le plus grand progrès qui ait été fait dans la voie de la direction des ballons, réside dans l'emploi d'une puissance motrice relativement très grande par rapport à la section droite du ballon.

A ce point de vue, le ballon *la France* est caractérisé par le chiffre 16 (nombre de chevaux par décamètre carré de section transversale), tandis que le ballon de M. Tissandier est caractérisé par le chiffre 2.

Il en résulte que le ballon *la France* possédait huit fois plus de puissance motrice par unité de surface résistante, ce qui, d'après la loi bien connue de la proportionnalité de la puissance motrice au cube de la vitesse, devait lui permettre de marcher à une allure deux fois plus rapide. Et c'est en effet ce que l'expérience a sensiblement confirmé.

Comment avait-on pu se procurer une puissance motrice si supérieure à ce qui avait été réalisé auparavant? En allégeant le moteur proprement dit et en réduisant son poids au faible chiffre de 12 kilogrammes par cheval, mais surtout en créant une pile spéciale incomparablement plus légère que tous les générateurs d'électricité connus à cette époque.

L'importance de l'allègement du générateur d'électricité est d'ailleurs bien autrement grande que celle de l'allègement du moteur.

Une simple comparaison entre les appareils moteurs du ballon de M. Tissandier et du ballon *la France* permettra de s'en rendre compte.

Le moteur de M. Tissandier pesait 30^{kg},00 par cheval.

Celui de Châlais pesait 1^{kg},100, environ.

Le moteur de 9 chevaux de Châlais pesait ainsi 110 kilogrammes environ.

Un moteur de 9 chevaux d'une construction analogue à celle du moteur Tissandier aurait pesé 270 kilogrammes.

L'économie de poids réalisée par les améliorations apportées au moteur, s'est donc élevée à 170 kilogrammes.

D'autre part, le poids par cheval de la pile Tissandier était de 170 kilogrammes environ.

Celui de la pile du ballon de Châlais n'était que de 44 kilogrammes.

La pile de 9 chevaux de Châlais pesait ainsi environ 400 kilogrammes.

Une pile du système Tissandier aurait pesé 1 530 kilogrammes.

L'économie de poids réalisée par l'adoption de la nouvelle pile légère, s'est donc élevée à 1 130 kilogrammes.

Ainsi, les deux grandes réformes accomplies dans la construction de l'appareil moteur, la première, l'allègement du moteur proprement dit, n'a produit qu'une économie de poids de

170 kil., tandis que l'allègement de la pile a procuré le bénéfice énorme de 1 130 *kilogrammes*.

On peut donc dire, en somme, que le ballon *la France* doit à peu près exclusivement sa grande vitesse de marche à la légèreté de sa pile. C'est cette pile légère qui caractérise l'aérostat de Châlais et qui lui a permis d'exécuter les voyages circulaires de 1884 et 1885.

Cette pile appartient au groupe bien connu des piles au bichromate : son perfectionnement réside dans la composition du liquide employé et qui se compose d'acide chromique cristallisé mélangé à une solution d'acide chlorhydrique à 18° Baumé. L'énergie électrique disponible par seconde est alors à peu près quintuple de ce qu'elle est dans les meilleures piles au bichromate.

L'élément de la pile Renard a la forme d'un tube dont le diamètre est le dixième de la hauteur. Ce vase, en verre ou en ébonite, contient le liquide actif et les électrodes qui se composent d'un bâton, *crayon* de zinc ordinaire, et d'un tube d'argent platiné d'un dixième de millimètre d'épaisseur.

La pile du ballon *la France* se composait de 480 éléments réunis par groupes de 12 en quantité et les groupes l'un à l'autre en tension. Il fallait

4 groupes, soit 48 éléments, pour produire un cheval électrique aux bornes. L'ensemble de la pile pouvait développer, par suite, 10 chevaux-vapeur.

A l'heure actuelle il n'existe pas encore d'autre générateur d'électricité qui puisse donner une si grande *puissance* (travail par seconde), unie à une si grande *capacité* (énergie totale) et le commandant Renard, que nous avons déjà cité, ajoute :

« En ce qui concerne la navigation aérienne, nous avons dit dès le début que l'électricité, même sous la forme que nous venons de décrire, ne pouvait conduire à la solution complète du problème.

« Nous avons vu, en effet, que le poids de matières, si réduit qu'il soit dans nos piles, s'élève encore à 25 kilogrammes par cheval et par heure.

« Comme la dépense de travail pour un ballon du type de *la France* devrait s'élever à 40 chevaux environ pour obtenir la vitesse de 10 mètres par seconde que nous considérons comme un minimum nécessaire, on voit que pour marcher une heure seulement, il faudrait emporter 1 000 kilogrammes de piles ; cela ne serait pas absolument impossible en allégeant certaines parties de la construction, mais qu'est-ce qu'une navigation d'une heure au point de vue pratique ? à peu près rien.

« Nous estimons, en effet, que le ballon dirigeable ne sera réellement utilisable qu'autant qu'il pourra sillonner l'atmosphère pendant dix heures sans reprendre haleine.

« On voit donc que, malgré nos efforts, nous sommes restés bien loin du but et que c'est dans une toute autre voie qu'il convient de chercher la solution désirée. »

TABLEAU INDIQUANT LA QUANTITÉ DE LEST A JETER
suivant la hauteur à atteindre.

γ (atmosphères.)	l (kilogr.)	ALTITUDE ATTEINTE (mètres.)	ÉLÉVATION POUR UNE DÉPENSE de 10 kg. (mètres.)
1,00	0	0	»
	10	180	130
	20	270	140
0,95	30	410	140
	40	550	140
	50	690	140
0,90	60	840	150
	70	990	150
	80	1 140	150
0,85	90	1 300	160
	100	1 460	160
	110	1 620	160
0,80	120	1 780	160
	130	1 950	170
	140	2 120	170
0,75	150	2 300	180

H

LISTE DES BALLONS-POSTE DU SIÈGE DE PARIS

N° D'ORDRE	NOM DU BALLON	CUBE	AÉRONAUTES	PASSAGERS	DÉPART	DESCENTE	POIDS des dépêches
1	Le Neptune........	1.200	Duruof.	»	Place St. Pierre, 23 sept.	Cracouville (Eure).	130
2	Città di Firenze.....	1.200	Mangin.	Lutz.	Boul^d d'Italie, 25 sept.	Triel (Seine-et-Oise).	»
3	Etats-Unis..........	700	L. Godard.	Courtois.	Villette, 29 sept.	Mantes (Seine-et-Oise).	80
4	Le Céleste..........	750	G. Tissandier.	»	Vaugirard, 30 sept.	Dreux, midi.	80
5	Armand-Barbès.....	1.200	Trichet.	Gambetta, Spuller.	Place St-Pierre, 7 oct.	Montdidier.	»
6	George-Sand......	1.200	Revillod.	May, Reynolds.	Id.	Roye (Somme).	»
7	Washington	2.000	Bertaux.	Van Roosbecke et Lefèvre.	Gare d'Orléans, 7 oct.	Cambrai.	300
8	Louis-Blanc........	2.000	Farcot.	Traclet.	Place St-Pierre, 12 oct.	Béclair (Belgique).	120
9	G.-Cavaignac	2.000	Godard père.	Kératry et 2 voyageurs.	Gare d'Orléans, 14 oct.	Brillon (Meuse).	700
10	Jean-Bart..........	2.000	A. Tissandier.	Ranc et Ferrand.	Vaugirard, 14 oct.	Nogent-sur-Seine.	400
11	Jules-Favre 1er......	2.000	Godard jeune.	Malapert, Ribaut, Béoté.	Gare d'Orléans, 16 oct.	Foix-Chapelle.	200
12	La Fayette.........	2.000	Labadie.	Barthélemy, Daru.	Id.	Dinant (Belgique).	270
13	Victor-Hugo........	2.000	Nadal.	»	Tuileries, 18 oct.	Bar-le-Duc.	440
14	République-Universelle...	2.000	Jossec.	Dubost, G. Prunières.	Gare d'Orléans, 19 oct.	Mézières.	300
15	Garibaldi..........	2.000	Iglesia.	De Jouvencel, député.	Tuileries, 22 oct.	Quincy-Ségy (Holl.).	450
16	Montgolfier.........	2.000	Hervé.	Le Bouedec, Col. Lapierre.	Gare d'Orléans, 25 oct.	Holigenberg (Holl.).	400
17	Vauban...........	2.000	Guillaume.	Reitlinger, Cassiers.	Gare d'Orléans, 27 oct.	Vignoles (Meuse).	270
18	Bretagne..........	1.500	Cuzon et Wœrth.	Manceau, Hudin.	Villette, 27 oct.	Verdun.	»
19	Colonel-Charras.....	2.000	Gilles	»	Gare du Nord, 29 oct.	Montigny (H.-Marne).	500
20	Fulton.............	2.000	Le Gloennec.	Cézanne.	Gare d'Orléans, 2 nov.	Angers.	250
21	Ferdinand-Flocon...	2.000	Vidal.	Lemercier de Jauvelle.	Gare du Nord, 4 nov.	Chateaubriant.	150
22	Galilée............	2.000	Husson.	E. Antonin.	Id.	Chartres.	420
23	La Liberté..........	10.000	W. de Fonvielle.	»	Villette, 14 nov.	Tombé au Bourget.	»
24	Ville-de-Châteaudun.	2.000	Bosc.	»	Gare du Nord, 4 nov.	Voves (Eure-et-Loir).	450
25	Gironde............	1.800	Gallay.	Herbaut, Gambès, Bary.	Gare d'Orléans, 8 nov.	Granville.	60
26	Niepce............	2.000	Pagano.	Dagron, Fernique, Poisot.	Gare d'Orléans, 12 nov.	Vitry-le-François.	»
27	Daguerre..........	2.000	Jubbert.	Pierron, Nobécourt.	Id.	Ferrières.	250

28	Général-Urich......	2.000	Lemoine.	Thomas.	Gare du Nord, 18 nov.	Luzarches.	80
29	Ville-d'Orléans......	2.000	Rolier.	Bezier.	Gare du Nord, 24 nov.	Krodschered (Norw.).	250
30	Archimède	2.000	J. Buffet.	Saint-Valry, Jaudas.	Gare d'Orléans, 24 nov.	Castelré (Hollande).	220
31	Egalité......... ..	3.000	W. de Fonvielle.	Rouzé, Bunel, Viloutray.	Vaugirard, 24 nov.	Louvain (Belgique).	»
32	Jacquard...........	2.000	Prince.	»	Gare d'Orléans, 30 nov.	Perdu en mer.	250
33	Jules-Favre, 2e.....	2 000	Martin.	Ducauroy.	Gare du Nord, 30 nov.	Belle-Isle-en-Mer.	50
34	Bataille-de-Paris	2.000	Poirrier.	Lissajoux.	Gare du Nord, 1er déc.	Grandchamp.	»
35	Volta..............	2.000	Chapelain.	Jaussen.	Gare d'Orléans, 2 déc	Savenay.	»
36	Franklin...........	2.000	Marcia.	Comte d'Andrecourt.	Gare d'Orléans, 4 déc.	Nantes.	»
37	Armée-de-Bretagne ..	2.000	Surrel.	Alavoine, consul.	Gare du Nord, 5 déc.	Bouillet (Deux-Sèvres).	400
38	Denis-Papin...... .	2.000	Domalin.	Delort, Robert, Montgaillard	Gare d'Orléans, 7 déc.	Le Mans.	55
39	Général-Renault.....	2.000	Joignerey.	Lermanjat.	Gare du Nord, 11 déc.	Rouen.	»
40	Ville-de-Paris	2.000	Delamarne.	Morel, Billebaut.	Gare du Nord, 15 déc.	Wetzlar (Prusse).	70
41	Parmentier...	2.000	Paul.	Desdouet.	Gare d'Orléans, 17 déc.	Gourgançon (Marne).	160
42	Gutenberg	2.000	Perruchon.	Lévy, Louisy, d'Almeida.	Id.	Montpreux (Doubs).	»
43	Davy..............	2.000	Chaumont.	Deschamps.	Gare d'Orléans, 18 déc.	Beaune.	25
44	Général-Chanzy.....	2.000	Verrecke.	Julliac, Joufryon, Lépinay.	Gare du Nord, 20 déc.	Rotemberg (Bavière).	25
45	Lavoisier.....	2.000	Ledret.	R. de Boisdeffre.	Gare d'Orléans, 22 déc.	Beaufort (Maine-et-L.)	175
46	Délivrance..........	2.000	Gaucher.	Reboul.	Gare du Nord, 13 déc.	Roche-Bernard (Morbihan).	10
47	Rouget-de-Lisle.....	2.000	Jahn.	Garnier.	Gare d'Orléans, 24 déc.	Alençon.	»
48	Tourville........ ..	2.000	Mouttet.	Miège, Delaleu.	Gare d'Orléans, 27 déc.	Eymoutiers (Haute-V.)	160
49	Bayard.............	2.000	Reginensi.	Ducoux.	Gare d'Orléans, 29 déc.	Mothe-Achard (Vendée).	110
50	Armée-de-la-Loire...	2.000	Lemoine.	»	Gare du Nord, 30 déc.	Le Mans.	250
51	Merlin-de-Douai.....	2.000	Griseaux.	Eugène Tarbé.	Gare du Nord, 3 janv.	Massay (Cher).	»
52	Newton.............	2.000	Ours.	Broussot.	Gare du Nord, 4 janv.	Digny (Eure-et-Loir).	300
53	Duquesne	2.000	Richard.	3 marins.	Gare d'Orléans, 9 janv.	Reims.	»
54	Gambetta...........	2.000	Duvivier.	De Fourcy.	Gare du Nord, 9 janv.	Clamecy.	250
55	Képler.............		Roux.	Dupuy.	Gare d'Orléans, 11 janv.	Laval.	160
56	Monge....... ..		Raoul.	Guigné.	Gare d'Orléans, 13 janv.	Artheuilles (Indre).	»
57	Général-Faidherbe...		Van Seymortier.	Hurel et 4 chiens.	Gare du Nord, 13 janv.	Gironde.	60
58	Vaucanson...		Clariot.	Valade, Delente.	Gare d'Orléans, 15 janv.	Armentières.	75
59	Steenackers.........		Veibert.	Gobron.	Gare du Nord, 16 janv.	Dunes du Zuyderzée.	»
60	Poste-de-Paris.......		Turbiaux.	Cleray, Cavaillon.	Id.	Ruy (Hollande).	70
61	Général-Bourbaki..		Mangin jeune.	Boisenfray.	Gare du Nord, 20 janv.	Bazancourt (Meuse).	125
62	Général-Daumesnil...		Robin.	»	Gare de l'Est, 22 janv.	Charleroi (Belgique).	280
63	Torricelli		Bely.	»	Gare de l'Est, 24 janv.	Verburie (Oise).	250
64	Richard-Wallace....		Lacaze.	»	Gare du Nord, 27 janv.	Perdu en mer.	220
65	Général-Cambronne .		Tristan.	»	Gare de l'Est, 28 janv.	Mayenne.	20

En somme, 64 ballons-poste ayant enlevé 64 aéronautes et 88 passagers, plus de 10.000 kilogrammes ou quatre millions de lettres, plusieurs centaines de pigeons voyageurs, se sont élevés pendant les cinq mois qu'a duré le siège de Paris. Sur ces 64 ballons, 2 ont été perdus en mer, 5 ont été capturés par l'ennemi et 4 ont perdu leurs dépêches.

I

TABLEAU COMPARATIF

des relations existant entre les divers éléments d'un ballon.

Diamètre.	Surface.	Volume.	Diamètre.	Surface.	Volume.	Diamètre.	Surface.	Volume.
1	3.14	0.52	7	153.94	179.59	11	380.13	696.91
2	12.57	4.19	8	201.06	268.08	12	452.39	904.78
4	50.27	33.51	9	254.47	381.70	13	530.93	1150.35
6	113.04	112.96	10	314.16	523.60	20	1256	4190 mc.

J

RAPPORT ENTRE LES DIMENSIONS DES SOUPAPES ET DES BALLONS

1/18 du diamètre.

K

TABLE DES VITESSES ET DES PRESSIONS DU VENT
(*Armengaud jeune*)

DÉSIGNATION DU VENT	VITESSE par seconde.	VITESSE par heure.	PRESSION par m. carré.
Vent à peine sensible	1 mètre.	3k 600	0k 200
Vent frais ou brise.	6 —	21 600	4 87
Bon frais convenable pour les navires.	9 —	32 400	10 97
Grand frais	12 —	43 kil.	19 50
Vent très fort	15 —	54 —	30 47
Vent impétueux	20 —	72 —	54 16
Grande tempête	27 —	97 —	98 17
Ouragan qui déracine les arbres. .	45 —	162 —	278 kil.

L

De la visibilité pour diverses hauteurs. — Il arrive souvent que l'on désire savoir, lorsque l'on est sur un monument élevé ou en ballon, à combien de distance la vue peut porter. Nous allons indiquer une formule très simple pour calculer le rayon visuel maximum.

Pour une hauteur de 1 mètre, le rayon visuel s'étend à 3 570 mètres (en prenant le chiffre de 6 370 000 mètres pour le rayon de la terre). Pour avoir le cercle de visibilité à une hauteur quelconque on appliquera la formule :

$$R = 3.570^{m} \sqrt{h}$$

c'est-à-dire 3. 750^{m} multiplié par la racine carrée de la hauteur. Ainsi, pour un homme debout de taille moyenne, ayant l'œil à 1.75, le rayon visuel sera de :

$$3\,750 \times \sqrt{1.75} \text{ (ou 1.32)} = 4\,711^{m}.$$

Pour la tour Eiffel de 300 mètres.

$$3\,590 \times \sqrt{300} = 61\,828 \text{ mètres.}$$

Du reste, voici la table de la distance de visibilité pour diverses hauteurs :

Hauteurs en mètres.	Distances en mètres.	Hauteurs en mètres.	Distances en mètres.
1	3 570	200	50 482
2	5 048	300	61 828
3	6 183	400	71 400
4	7 140	500	79 820
5	7 982	600	87 449
6	8 745	700	94 444
7	9 444	800	100 967
8	10 097	900	107 100
9	10 710	1 000	112 900
10	11 290	2 000	159 650
20	15 965	3 000	195 540
30	19 554	4 000	225 800
40	22 580	5 000	252 460
50	25 246	6 000	276 560
60	27 656	7 000	298 700
70	29 870	8 000	319 400
80	31 940	9 000	338 800
90	33 880	10 000	357 000
100	35 700		

M

ASCENSIONS DE L'AUTEUR

Parmi les ascensions que nous avons exécutées dans un but scientifique, nous citerons particulièrement les suivantes au cours desquelles il nous a été permis de faire d'intéressantes observations météorologiques ou des remarques curieuses.

Romorantin, 17 juillet 1882, avec ballon de 500 mètres. Parti seul. Altitude maximum 2 000 mètres. Parcours 50 kilomètres. Descente près de Châteauneuf après violent traînage.

Nogent (Haute-Marne), 14 juillet 1882, avec ballon de 300 mètres. Asphyxie par le gaz et déchirure du ballon au moment du départ.

Brive, 12 septembre 1882, avec ballon de 400 mètres. Mangin, aéronaute conducteur. Ballon crevé au départ.

Fougères, 27 septembre 1882, avec le même ballon. Parti seul. Faux atterrissage et réascension à 1 200 mètres de haut. Descente à Mont-Romain, à 18 kilomètres.

Caen, 3 juin 1883, avec le même ballon. Mangin, aéronaute. Altitude maximum, 1 300 mètres.

Atterrissage près de Saint-Lô, à 80 kilomètres et pendant un violent orage.

Caen, 3 juin 1883 avec le même ballon. Parti seul pour course aérienne. Altitude, 2 200 mètres. Descente à Colleville-sur-Orne.

Caen, 19 juillet 1883, le même ballon. Avec un voyageur. Altitude maximum, 2 000 mètres. Descente à Biéville-en-Auge à 48 kilomètres de Caen. Ballon éventré par le vent à l'atterrissage.

Coutances, 14 juillet 1883. Le même ballon. Mangin, aéronaute. Ballon crevé sur le clocher de la cathédrale. Chute de 700 mètres, à 4 kilomètres de Coutances.

Lisieux, 22 août 1883. Ballon de 1 000 mètres Avec un aéronaute, un voyageur et une dame. Descente à 4 kilomètres de Lisieux, après deux heures et demie de voyage. Altitude maximum 2 300 mètres.

Paris 12 mai 1886. Ballon de 700 mètres. Ascension avec Capazza et son aide pour l'essai des *parachutes-lest*. Descente à Cires-les-Mello à 90 kilomètres de Paris. Altitude maximum 1 500 mètres. Durée du voyage, 2 h. 15.

Usine à gaz de la Villette, 1er novembre 1886. Ballon de 500 mètres. Ascension avec le secrétaire de M. de Brazza. Descente à Tremblay, puis

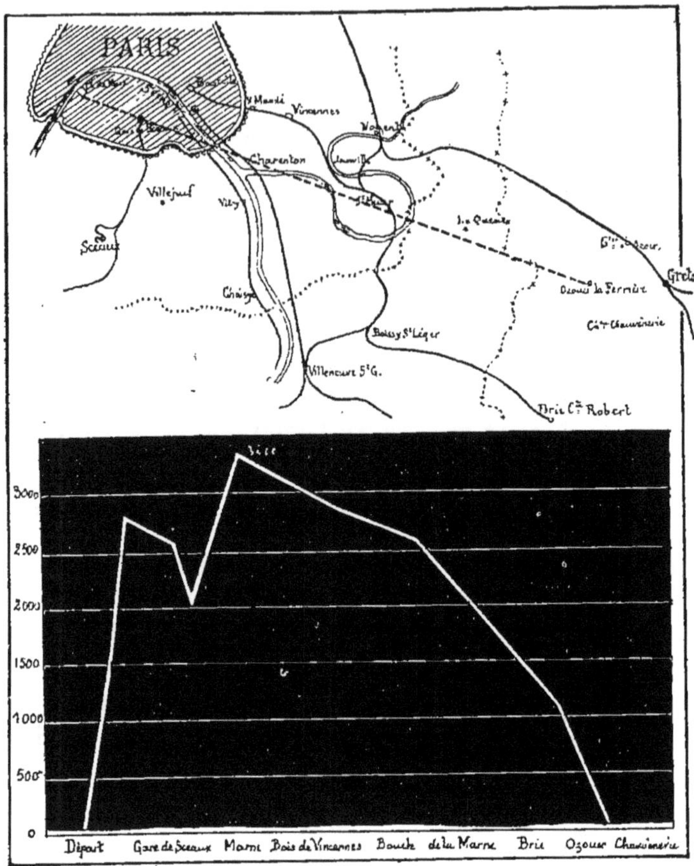

Fig. 75.

Diagramme de la dernière ascension de l'auteur.

réascension et atterrissage à Mesnil-Amelot à 35 kilomètres de Paris. Altitude maximum 1 000 mètres. Durée du parcours 1 heure 50 minutes.

Saint-Mandé, 30 mai 1887. Ballon de 400 mètres. Parti seul. Altitude maximum 1 200 mètres. Descente à Arcueil Cachon aux portes de Paris. Durée du voyage 2 h. 15 minutes.

Paris, 28 septembre 1888. Ballon de 850 mètres. Avec Mme H. de Graffigny. Altitude maximum 3 500 mètres. Descente à Ozouer-la-Ferrière à 70 kilomètres de Paris. Durée du voyage, 2 heures. (Voy. le diagramme.)

N

ÉTUDE SUR LA SOLUTION DE LA NAVIGATION AÉRIENNE

Le problème de la navigation aérienne se subdivise en deux parties, correspondant chacune à l'étude des moyens de fournir l'effort de la composante verticale et de la composante horizontale dans laquelle le mouvement réel de l'appareil peut être considéré comme décomposé.

« Si, cependant, dit M. G. Espitallier [1], les deux problèmes de la *sustentation* et de la *direction* sont distincts et peuvent être envisagés séparément, on ne saurait en vouloir à ceux qui prétendent les rendre connexes et les résoudre ensemble d'un seul coup. Bien plus, cette solution n'est pas impossible *a priori ;* il n'y a là qu'une simple question d'opportunité. Mais quelle que soit la marche suivie par l'inventeur, des deux parties au moins théoriques de la question, la sustentation est certainement la plus difficile à réaliser ; c'est même l'impossibilité où l'on a été jusqu'à présent de soutenir un corps dans l'atmosphère, autrement que par des *moyens physiques* — c'est-à-dire en constituant un appareil plus léger que l'air, comme les ballons — qui a empêché la réussite de tout vaisseau aérien plus lourd que l'air. Lorsqu'on aura trouvé le moyen de soutenir un tel appareil dans l'espace la question de son déplacement horizontal sera bien facile à résoudre. »

Deux écoles envisagent différemment le grave problème de la sustentation : l'une se prononce pour les *appareils plus lourds que l'air*, l'autre

[1] L'aviation et le plus lourd que l'air, *Cosmos* des 7, 14, 21 décembre 1889.

pour les *ballons* ; les partisans de ceux-ci tiennent que la sustentation n'est *possible* qu'avec eux ; les autres objectent que ces ballons offrent trop de prise au vent ; ils n'entrevoient la navigation aérienne *pratique* que lorsqu'on sera parvenu à se passer de cet intermédiaire, ainsi que le font les oiseaux. Ils réfutent l'*impossibilité* qu'invoquent leurs contradicteurs, en leur citant pour exemples les oiseaux gigantesques des époques géologiques anciennes.

Le plus lourd que l'air est cependant possible et réalisable par plusieurs moyens purement mécaniques qui ont donné naissance à trois genres d'appareils :

1° Les aéroplanes qui comportent le mouvement rectiligne d'une surface d'appui ;

« 2° Les *hélicoptères*, dans lesquels la surface appui est animée d'un mouvement circulaire ;

« 3° Les *oiseaux mécaniques* qui, par une imitation plus ou moins servile de la nature, participent des deux premiers genres, et comportent à la fois les deux mouvements, réunis dans un même organe : l'aile.

« Pour se rendre compte du travail nécessaire à la sustentation d'un corps pesant, on peut réaliser l'expérience suivante :

« Une surface plane ou légèrement concave est gréée en parachute, c'est-à-dire lestée de manière que le poids total P puisse être considéré comme appliqué au point d'attache d'une série de cordelettes identiques et symétriquement placées. Laissons tomber cet appareil verticalement. Sa vitesse ira en s'accélérant, jusqu'à ce que la résistance R de l'air, qui s'exerce sur la surface S, et qui s'accroît avec la vitesse, fasse précisément équilibre au poids P. Le parachute aura alors atteint sa vitesse de régime V, qui restera dorénavant constante.

« Or, les études déjà faites sur la résistance de l'air permettent de représenter la valeur de celle que rencontre le parachute, par une expression de la forme :

$$R = KSV^2,$$

où K est un coefficient constant pour un parachute déterminé.

« Et quand la vitesse de régime est atteinte, la résistance étant égale au poids total de l'appareil, comme nous l'avons dit, on a :

$$R = P = KSV^2.$$

« Le parachute ne descend plus alors qu'en vertu de la vitesse acquise.

« Le travail résistant T est le produit de la résistance par la vitesse, ce qui donne :

$$T = KSV^3;$$

« Et en éliminant V entre ces deux équations, on obtient :

$$T^2 = \frac{P^3}{KS}.$$

« C'est précisément le carré du travail qu'il faudra développer pour soutenir dans l'espace un corps de poids P, par le seul abaissement vertical d'une surface S. *On peut dire que c'est là l'équation fondamentale du problème de la sustentation du plus lourd que l'air.*

« Le plus souvent, en imaginant une série d'appareils qui ne diffèrent que par leurs dimensions, on posera cette condition, que les uns et les autres n'exigent pas un travail plus considérable par rapport à leur poids. C'est dire que $\frac{T}{P}$ doit être constant, ce qui ne sera réalisé que si $\frac{P}{S}$ est également constant : la surface d'appui devrait croître alors proportionnellement au poids.

« C'est ce qu'il est difficile de réaliser dans la pratique ; car, deux appareils de dimensions différentes, mais géométriquement semblables, ont d'*ordinaire* des poids proportionnels au cube des dimensions linéaires homologues, tandis que les surfaces varient comme le carré de ces dimensions.

« Il en résulte que, communément, le rapport $\frac{P}{S}$ varie et augmente avec le volume de l'appareil. Et, comme conséquence immédiate, il faudra, pour soutenir un kilogramme de matière, développer un travail plus considérable pour un gros appareil que pour un petit.

« On peut donc dire qu'avec un tel mode de sustentation un gros appareil est plus difficile à réaliser qu'un petit, parce qu'il est très difficile de construire ces appareils de telle façon que leurs poids ne croissent que comme leurs surfaces et non comme leurs volumes.

Nous avons heureusement, d'autres moyens d'obtenir la sustentation mécanique ; ces moyens résident dans le mouvement horizontal, rectiligne ou circulaire, d'une surface convenable.

« *Aéroplanes.* — Considérons tout d'abord un plan mince à la manière d'un cerf-volant, plan légèrement incliné, et animé d'une vitesse horizontale V.

« La théorie et l'expérience montrent que la

résultante des actions de l'air sur ce plan mince est normale à la surface, et que son point d'application est très voisin du centre de gravité.

En représentant par N cette résultante, et en désignant, en outre, par S la surface considérée, par α *l'angle d'attaque*, c'est-à-dire l'inclinaison du plan sur l'horizon, la valeur de la résistance normale prendra une expression de la forme :

$$N = KSV^2 f(\alpha),$$

où K est un coefficient constant pour un même appareil.

« Dans notre esprit, ce plan mince n'est pas isolé ; il est relié à un corps qu'il s'agit de soutenir, une nacelle, la nef aérienne en un mot.

« Tout cet ensemble a un poids P, et la sustentation sera évidemment réalisée, lorsque la composante verticale de la résistance normale N fera équilibre à ce poids P.

« On aura alors :

$$P = N \cos \alpha.$$

« La résistance horizontale R est mesurée par la composante horizontale de la force N, et a pour expression :

$$R = N \sin \alpha.$$

« Quant au travail à dépenser, il est évidemment :

$$T = RV,$$

car n'oublions pas que c'est à la résistance horizontale qu'est due la résistance normale N et par suite la force de sustentation N cos α.

« Remplaçons R et V et par leurs valeurs, et tout calcul fait :

$$T^2 = \frac{N^3 \sin^2 \alpha}{KSf(\alpha)},$$

« Les angles d'attaque sont toujours très faibles et l'on peut, sans erreur sensible, remplacer le sinus par l'arc α, et le cosinus par l'unité ; en même temps, N devient sensiblement égal à P, d'où :

$$T^2 = \frac{P^3 \alpha^2}{KSf(\alpha)};$$

formule tout à fait analogue à celle que nous avons trouvée pour le travail dans le cas de l'abaissement orthogonal d'un parachute.

« Reste à définir la forme de la fonction : $f(\alpha)$, et c'est là que les auteurs, non seulement ont différé, mais ont pu commettre les erreurs les plus grossières, faute de s'être éclairés par des expériences concluantes.

« Navier, s'appuyant sur de simples vues théoriques, admettait pour cette fonction, une expression de la forme : $f(\alpha) = \lambda \sin^2 \alpha$, ou pour les petits angles :

$$f(\alpha) = \lambda\alpha^2.$$

« Il en résultait, pour le travail, la valeur :

$$T^2 = \frac{P^3}{KS\lambda}, \text{ ou } \frac{P^3}{K'S},$$

d'après laquelle le travail serait le même quel que soit l'angle d'attaque, et, par conséquent le même que dans le parachute à abaissement vertical. Il en résultait qu'on n'avait aucun avantage à employer les plans inclinés se déplaçant horizontalement.

« Il en résultait également que les oiseaux devaient, pour se soutenir, développer le même travail que si leurs ailes frappaient l'air par un simple abaissement orthogonal, et, dans ces conditions, ces malheureux volateurs étaient condamnés à fournir, dans les plus petites tailles, un travail de plusieurs chevaux-vapeurs. Quelle que soit la puissance musculaire qu'on leur accorde, cette conclusion était absurde et devait mettre en garde contre le point de départ du calcul.

« D'autres calculateurs, en effet, ceux-ci doublés d'expérimentateurs de mérite, Thibault, Hutton, Vince, et après eux le colonel Duchemin et M. Goupil, s'inscrivaient en faux contre la loi de variation de la fonction $f(\alpha)$. Cette valeur ne doit pas varier comme le carré de sinus, mais simplement come le sinus. C'est-à-dire que pour les petits angles, on doit poser :

$$f(\alpha) = \lambda\alpha.$$

« La formule du travail devient alors :

$$T^2 = \frac{P^3\alpha}{K\lambda S}, \text{ ou } \frac{P^3}{K'S}$$

et il est aisé de voir que, loin d'être constant quel que soit l'angle d'attaque, ce travail tend vers zéro avec α.

« Il importe de remarquer que, lorsque l'on parcourt les tableaux d'expériences dressés par les différents expérimentateurs, on constate des divergences assez notables qui tiennent surtout au rôle important que jouent ici la *forme* et la *position* du plan oblique. Le commandant Renard a, le premier, mis en évidence l'influence de ces deux facteurs de la question ; voici la conclusion qu'il a tirée de l'étude des expériences anciennes et des siennes propres :

« 1° Lorsque le plan mince affecte la forme d'un rectangle très allongé, dans le sens horizontal (*ruban transversal*), la loi du simple sinus s'applique rigoureusement ;

« 2° Dans le cas d'un *ruban longitudinal*, allongé dans le sens de la plus grande pente, c'est la loi du sinus carré qui s'applique ;

« 3° Un *écran* tenant le milieu entre ces deux formes donnerait lieu à une loi plus compliquée.

« Ces divergences tiennent évidemment à la facilité plus ou moins grande que l'air a pour s'écouler le long des bords du plan mince.

« Que faut-il conclure de la dernière formule ? C'est que, théoriquement, le travail nécessaire à la sustentation, lorsqu'on cherche à l'obtenir par le déplacement horizontal d'un plan incliné, peut être réduit autant qu'on le voudra. On pourrait donc réaliser, dès aujourd'hui, ce mode de sustentation, puisque, avec une force quelconque, aussi faible qu'elle soit, on trouverait toujours un angle d'attaque permettant l'équilibre.

« Il semble qu'il y ait là un paradoxe ; car, si

le problème était si facile à résoudre, on ne comprendrait guère qu'il ne fût pas pratiquement résolu depuis longtemps.

« C'est qu'en effet, il importe d'apporter des restrictions à la conception théorique que nous venons de présenter.

« Si le travail de sustentation proprement dit peut être ainsi réduit au delà de toute limite par la seule réduction de l'angle d'attaque, la sustentation n'est pas la seule résistance qu'il y ait à vaincre. Le mouvement horizontal fait naître une résistance qui provient du frottement de l'air, non seulement sur le plan mince, mais aussi sur tous les organes de l'appareil, cadre, nacelle, agrès. Pour introduire de l'homogénéité dans nos calculs et en écarter toute complication, on peut dire que cette résistance R′ est la même que si tout l'appareil était remplacé par un plan mince idéal de surface δ, et en désignant par φ un coefficient constant, on aura, pour la résistance, une expression de la forme :

$$R' = \varphi \delta V^2.$$

« C'est cette résistance qui s'ajoutera à celle que développe le travail de sustentation proprement dite, et qui est proportionnelle à N sin α, ou plus simplement à N α ; l'on anra, en définitive, à vaincre une résistance totale :

$$R = N\alpha + \varphi\delta V^2 ;$$

et le travail nécessaire pour la vaincre sera :

$$T = N\alpha V + \varphi\delta V^3.$$

« Nous avons dit que pour les petits angles, que nous considérons uniquement, et lorsque la sustentation est réalisée, N = P, P qui a pour valeur $KSV^2 f(\alpha)$, c'est-à-dire une expresion de la forme $K'SV^2\alpha$.

« On a donc :

$$\alpha = \frac{P}{K'SV^2},$$

et par suite :

$$T = \frac{P^2}{K'SV} + \varphi\delta V^3.$$

« Cette dernière expression est très remarquable en ce sens qu'elle se compose de deux termes, représentant chacun les deux résistances développées par la sustentation et le mouvement de translation. Le premier décroît jusqu'à zéro quand la vitesse s'accroît jusqu'à l'infini, tandis que le second croît indéfiniment. Le travail est infini pour les deux valeurs extrêmes de $V = o$ et $V = \infty$; donc *l'expression est susceptible d'un minimum* qui correspondra aux valeurs des variables qui annuleront la dérivée de l'équation :

$$T = \frac{P\alpha}{V} + \varphi\delta V^3.$$

« Cette condition est remplie lorsque l'on a :

$$P\alpha = 3\delta\varphi V^2 ;$$

« C'est-à-dire lorsque la *résistance de sustentation* est égale à *trois fois la résistance à l'avancement horizontal.*

« Tel est le résultat net et précis qui ressort de la discussion précédente :

« Ces conclusions permettent d'évaluer le travail développé par les oiseaux plus judicieusement que ne l'avait fait Navier. Penaud a, en effet, démontré que leur appareil de vol est une véritable aéroplane ; les oiseaux se soutiennent en traînant *obliquement* leurs deux ailes dans l'air.

« L'extrémité des ailes est un propulseur puissant, et la partie postérieure constitue un véritable plan sustentateur, se présentant continuellement dans la position la plus favorable pour recevoir par en dessous et sous un angle très faible le courant aérien relatif, qui fait naître la force normale sensiblement égale au poids de l'animal.

« Le commandant Renard n'a pas eu de peine à démontrer, en appliquant aux diverses espèces d'oiseaux les résultats de l'analyse, que le travail nécessaire à la sustentation des plus gros volatiles, eu égard à la surface de leurs ailes, ne dépasse jamais un petit nombre de kilogrammètres.

« On entrevoit donc la possibilité de trouver dans cette voie une réalisation pratique du problème, par la construction d'appareils du genre *aéroplane*. Toutefois, il est bon de remarquer que, tout en réduisant au minimum les résistances passives, qui seules sont la cause du travail dépensé (travail représenté par le terme $\varphi\delta V^3$ de la formule), on ne saurait dépasser une certaine limite, et l'analyse minutieuse des diverses conditions de la question amène à conclure que le poids du moteur ne devrait pas dépasser 10 kilogrammes par cheval. »

P

OISEAU MÉCANIQUE DE M. G. TROUVÉ

Chacun connaît le tube elliptique à la Bourdon.

Fig. 76. — Oiseau mécanique de M. Gustave Trouvé.

Si la pression du gaz qu'il renferme vient à augmenter, il se déforme, s'enfle dans le sens du petit axe et s'amincit dans le sens du grand. Qu'elle vienne à baisser, au contraire, le petit axe diminue et le grand augmente. Si donc l'on produit une série de pressions brusques, alternativement condensées et dilatées dans l'intérieur de ce tube, celui-ci éprouve une série de déformations correspondantes et considérables qui peuvent être utilisées comme force motrice.

Pour amplifier encore leur puissance, M. Trouvé a imaginé d'emboîter dans son tube à la Bourdon un second tube semblable, de mêmes foyers que le premier; cette disposition ayant le double avantage d'augmenter la force élastique des gaz, en diminuant le volume de la chambre d'explosion et de ménager en même temps la dépense.

Aux pressions condensées correspond l'abaissement des ailes A, B ; aux pressions dilatées leur élévation. Le générateur des explosions est un barillet D de revolver contenant douze cartouches et que deux cliquets font tourner automatiquement.

Passons maintenant à l'expérience. Pour que les cliquets et le barillet fonctionnent, il est indispensable que l'oiseau soit laissé entièrement à lui-même ; aussi le départ s'opère-t-il d'une façon très ingénieuse.

Notre volatile est suspendu à un fil, attaché d'un bout à une potence (fig. 77) et de l'autre

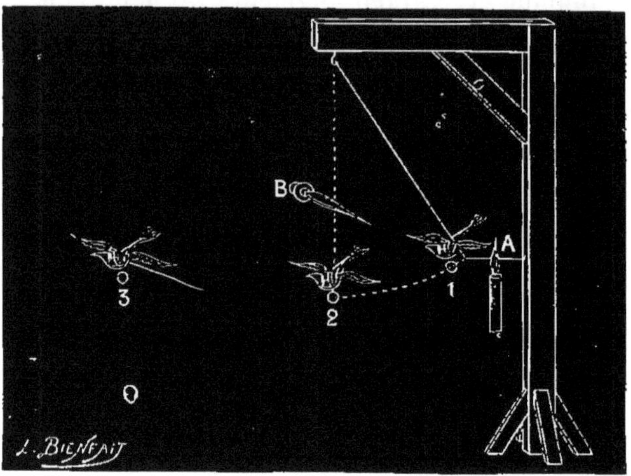

Fig. 77. — Disposition adoptée par M. Trouvé pour le départ de son oiseau mécanique.

au percuteur du revolver, tenu levé par le poids de l'appareil ; et le pendule ainsi composé est écarté de la verticale et maintenu par un second fil. Deux chalumeaux, l'un mobile A, l'autre fixe B, placés dans la verticale du point d'attache, sont destinés à mettre le feu à ces deux fils.

Approchons le flambeau A et brûlons le premier ; l'oiseau, mis en mouvement comme le pendule de Léon Foucault, commence une oscillation. Il vient de la position 1, dans la position 2, en décrivant un arc de cercle, mais arrivé là, avec une vitesse horizontale, la flamme B brûle le fil, le percuteur désormais en liberté s'abat, la cartouche fait explosion, le tube vibre avec force et les ailes s'abaissent en frappant l'air avec violence. L'oiseau, non seulement se maintient alors dans un même plan horizontal, mais, grâce à l'inclinaison de sa queue, éprouve un léger mouvement ascensionnel (position 3) ; puis, les gaz dégagés s'échappent dans l'atmosphère, le tube vibrateur reprend sa forme primitive et les ailes de l'appareil se relèvent. A ce moment, le barillet, entraîné par son encliquetage, ramène une cartouche au percuteur, une seconde explosion se produit et les phénomènes précédents se succèdent dans le même ordre. Puis une troisième, une quatrième..., une douzième et dernière explosion a lieu. L'oiseau de M. Trouvé a parcouru ainsi 80 mètres environ en luttant contre la pesanteur et en s'élevant même progressivement.

Après le complet épuisement de la force

motrice, l'appareil ne tombe pas à pic, mais, au contraire, les ailes et l'aéroplane de soie, figuré en pointillé, qui réunit, comme dans le premier oiseau, la tête ou gouvernail, les coudes des ailes et la queue agissent comme un parachute, et il vient obliquement et doucement sur le sol.

L'expérience, on le voit, réussit à souhait, et l'oiseau mécanique de M. Trouvé est la plus belle combinaison qu'on ait faite jusqu'à ce jour de l'aviation et de l'aéroplane.

Dans la navigation aérienne en grand, il y aurait avantage à puiser dans l'air tout ou partie des éléments de locomotion.

Remarquant, en effet, que les oiseaux trouvent une grande partie de leur nourriture dans l'atmosphère, M. G. Trouvé a cherché à puiser dans cet immense réservoir de potentiel l'énergie nécessaire à l'action de son moteur.

Or, parmi le nombre immense des combinaisons étudiées par la chimie, l'oxydation de l'hydrogène est précisément celle qui développe la plus grande quantité de calorique, et conséquemment, constitue la plus grande source de travail à laquelle on puisse recourir. On sait, en effet, que la combustion d'un gramme d'hydrogène dégage 34 450 calories (gr.-d), ce qui équivaut à un potentiel, ou énergie latente, de 14 606 kilogrammètres, c'est-à-dire plus de 194 chevaux-vapeur.

Au lieu donc d'emporter dans la nacelle des matières fulminantes, d'une conservation difficile et d'un maniement dangereux, il suffira de posséder un réservoir d'hydrogène comprimé. Quels que soient alors et le volume et la pression de ce gaz, son poids ne pourra être qu'une fraction insignifiante du poids total de l'appareil. Quant à l'oxygène, il sera extrait directement, est-il besoin de le dire, de l'air lui-même et le mélange détonant sera tel qu'il contiendra, en volume, 25 parties d'hydrogène pour 75 parties d'air atmosphérique.

L'inflammation est produite, comme dans les machines à gaz, par l'étincelle électrique.

Remarquons que ce dispositif à explosions de M. Trouvé constitue l'appareil d'aviation le plus léger, le plus constant dans son poids, que la science actuelle ait permis de créer. Contrairement aux autres moteurs à gaz, en effet, il ne renferme plus d'organes intermédiaires à friction, analogues aux pistons de ces machines ou des cylindres à vapeur, entre la puissance et la résistance ; partant, plus de frottements ni de pertes inutiles et suppression totale des réfrigérants. Bien qu'avec une telle simplicité de mécanisme il y aurait peu d'inconvénients à ce que le tube vibrateur s'échauffât, sa grande surface de refroidissement et son contact d'autant plus intime que la vitesse sera plus grande, le maintiendront à une température moyenne.

D'autre part, les produits de la combustion, rejetés continuellement au dehors ne sauraient faire varier la force ascensionnelle, puisque le poids de l'hydrogène est totalement négligeable et que l'air — le comburant — ne fait que traverser la chambre d'explosion.

Comme l'aluminium se fabrique aujourd'hui à des conditions extraordinaires de bon marché, on pourra employer ce métal léger à la construction de toutes les pièces du moteur explosif.

Tous ces avantages, ce n'est ni la machine à vapeur actuelle, ni les moteurs électriques *et leurs générateurs* qui nous les offrent, surtout en ce qui concerne la simplicité et la légèreté, garanties d'un bon rendement et d'un excellent fonctionnement.

TABLE DES GRAVURES

TABLE ANALYTIQUE DES MATIÈRES

CHAPITRE III

THÉORIE DES MANŒUVRES AÉROSTATIQUES

CHAPITRE IV

L'AÉROSTATION MILITAIRE EN FRANCE ET A L'ÉTRANGER

CHAPITRE V

LES BALLONS CAPTIFS

CHAPITRE VI

LE PLUS LOURD QUE L'AIR

APPENDICE

ÉVREUX, IMPRIMERIE DE CHARLES HÉRISSEY.

ÉVREUX, IMPRIMERIE DE CHARLES HÉRISSEY

www.ingramcontent.com/pod-product-compliance
Ingram Content Group UK Ltd.
Pitfield, Milton Keynes, MK11 3LW, UK
UKHW020206250726
13967UKWH00003B/1309

9 782011 950079